알기쉬운

정밀측정학

이건준 저

기전연구사

머리말

과학기술의 발전과 더불어 산업사회의 구조가 복잡해지고 급속히 발전함에 따라 측정대상이 다양화되었고, 계측기술도 정도가 높으며 신속하고 편리하게 측정값을 알기 위한 연구가 지속적으로 되고 있다. 또한 각종 부품과 제품의 품질 중요성이 날로 높아짐에 따라 기업의 공정제어에 있어서 정밀측정은 생산설비의 합리적인 운전과 공정의 자동화 과정에서 차지하는 비중이 크고 품질향상을 위한 감시자 역할을 하고 있다.

이 교재는 기계분야 정밀계측 이론을 배우고 있는 과정의 공학도들에게 보다 체계적이고 이해하기 쉬운 교재가 필요하다고 판단되어, 산업 현장과 대학에서 강의해온 것을 바탕으로 기초적인 이론의 개념을 재정리하고 쉽게 이해할 수 있도록 규정의 측정용어 사용과 체계적인 이론 습득 능력을 공부할 수 있도록 하여 출판하게 된 것이다.

이론 능력을 배양하기 위한 교재의 내용은 정밀계측의 개요, 길이의 측정, 각도의 측정, 표면거칠기의 측정, 윤곽 측정, 나사 및 기어의 측정, 3차원 측정기, 형상 및 위치정도의 측정, 부록 등으로 편성하여 설명하였다.

따라서 기계공학을 전공하는 공학도들과 기계산업에 종사하는 전문인 및 기술인에게 올바른 안내자로서 좋은 지침서가 되길 바라며, 조그마한 바람이 있다면 이 책으로 공부하게 되는 모든 분들에게 좋은 결과가 있길 바란다.

끝으로 이 책의 집필에 참고로 한 다수의 서적과 문헌 등의 저자에게 사의를 표하며, 이 책이 나오기까시 도움을 주신 분들과 도서출판 기전연구사 직원 여러분께 감사하고 주위에서 아낌없이 격려해주신 모든 분들에게 감사드립니다.

저자 씀

차례

제 3 장 · 각도의 측정

제 6 장 · 나사 및 기어 측정

제 7 장 · 3차원 측정기

제8장 · 형상 및 위치 정도의 측정

부 록

정밀계측의 개요

1 정밀계측의 기초

1.1 정밀계측과 측정의 기초

1) 정밀계측이란?

정밀계측(precision instrumentation)과 정밀측정(precision measurement)이라는 말은 구별 없이 사용되고 있으며 이에 관한 기본 개념은 다음과 같다.

정밀계측이란 기계, 자동차, 항공우주산업 등의 첨단기술은 물론 제조업 분야에서 평가하는 종합기술을 정밀계측이라 하며, 여기서 계측은 사실을 양적으로 파악하기 위해 행하는 구체적인 조작 자체는 측정이라고 하여 계측과 구별이 된다. 계측은 측정보다 훨씬 넓은 내용을 함축한 말로써, 개개의 경우에 따라 가장 적당한 측정방법을 연구하여 그것을 실현할 장치와 설비를 설계 및 제작하고 그 장치와 설비로 측정하여 측정결과에 따른 연산과 필요한 정보를 얻으며 이 정보를 바탕으로 어떤 조치를 취하는 것 등을 포함한다.

2) 정밀측정이란?

공작기계로 가공된 기계부품은 그 사용 목적에 따라 형상, 치수, 가공방법, 재료의 상태 등에 적합해야 하며 이 중 재료시험을 제외한 형상, 치수, 표면 거칠기 등을 제작 후나 가공중에 측정 또는 검사하는 것을 말한다.

측정(measurement)은 측정량을 단위로서 사용되는 다른 양과 비교하는 것으로서 기계공작에 관련되는 측정은 주로 길이측정이 대부분이라고 할 수 있으며, 측정 결과는 측정량 중에 포함된 단위의 수치와 단위와의 곱으로 표시된다.

검사(inspection)는 측정에 따라 수량을 구하여 결정하는 경우도 있지만 일반적으로 규정된 조건에 적합한지를 확인하는 것을 말한다.

3) 정밀측정의 목적

도면에 따라 제작된 기계부품이 측정에 합격되었다면 이러한 기계부품은 각각 다른 장소, 임의의 시간에 제작되어 한 곳에 모아서 조립할지라도 조립에 있어서 어려움 없이 충분히 기능을 발휘할 때 이것을 '호환성(interchangeability)이 있다'라고 한다.

그러므로 호환성 생산을 하기 위해서는 기능이 우수한 공작기계, 지그 및 공구 외에 필요한 정도와 경제적으로 측정, 검사를 할 수 있는 적합한 측정기와 측정 방법은 물론, 통일된 단위가 필요하다.

1.2 측정기의 종류

1) 도기(standard)

길이와 각도를 눈금이나 면으로 규격화한 것이다.

① 선도기(line standard) : 표준자, 금속자 등과 같이 눈금의 간격을 치수 단위로 규격화한 것이다.

② 단도기(end standard) : 게이지블록, 표준게이지, 한계게이지, 직각자 등과 같이 양 단면의 간격으로 길이를 표시한 것과 단면이 직사각형 모양의 게이지이다.

2) 시준기

망원경, 투영기, 공구 현미경 등과 같이 기계적인 접촉이 없이 간격을 측정하기 위하여 조준선 또는 시준선을 점 또는 물체의 모서리에 맞추도록(주로 광학적으로) 된 측정기이다.

3) 지시 측정기(indicating measuring instrument)

버니어 캘리퍼스, 마이크로미터 등과 같이 측정 중에 표점이 눈금에 따라 이동 또는 표선에 따라 움직이는 측정기이다.

4) 게이지(gauge)

피치게이지, 반지름게이지, 드릴게이지, 와이어게이지 등과 같이 측정에 있어서 움직이는 부분이 없는 측정기이다.

5) 인디케이터(indicator)

측정압을 일정하게 하기 위해 사용된 것으로 일정량의 조정이나 지시에 사용하는 측정기이다.

1.3 측정기 선택시 고려 사항

측정기를 선택할 때 고려할 사항은 다음과 같다.
① 환경
② 측정방법
③ 제품수량
④ 경제적인 측면
⑤ 제품공차

1.4 측정기의 특성

1) 최소 눈금과 눈금선 간격

측정기의 최소 눈금은 눈금선 위에서 1눈금만큼 지침 또는 기선의 이동에 해당하는 측정량의 변화를 말한다.

눈금선 간격은 이웃한 두 눈금선 사이의 간격을 말한다. 눈금의 읽음 정도는 눈금선 간격의 크기에 영향을 받으며, 1/10mm 눈금을 어림하여 읽기 위해서는 약 0.7~2.5 mm가 적당하다.

예를 들면 0.5mm의 눈금에서는 측정자의 피로가 심하며, 1/5 눈금도 어림하여 읽기도 힘들다.

2) 측정기의 감도(sensitivity) 및 배율

측정기의 감도(E) 및 배율은 측정량의 변화(ΔM)에 대한 지시량의 변화(ΔA)의 비로 나타내며, 또한 배율(V)은 최소 눈금(S)에 대한 눈금선 간격(L)비로 나타낸다.

$$E(V) = \frac{\Delta A}{\Delta M}, \ \ V = \frac{L}{S}$$

예제 1 눈금선 간격 L=0.45mm, 최소 눈금 S=0.001mm인 지침 측미기의 배율은?

풀 이 배율(V) $= \dfrac{L}{S} = \dfrac{0.45}{0.001} = 450$

3) 지시 범위와 측정 범위

지시 범위는 측정기의 눈금상에서 읽을 수 있는 측정량의 범위를 말하며, 측정 범위는 최소 눈금값과 최대 눈금값에 의해 표시된 측정량의 범위를 말한다.

| 예제 2 | 표준형 마이크로미터(75~100㎜)의 지시 범위와 측정 범위는? |

| 풀 이 | 지시 범위 : 25㎜ |
| | 측정 범위 : 75~100㎜이다. |

4) 후퇴 오차

피측정물의 치수를 길이 측정기를 사용하여 구하는 경우에 주위의 상황이 변하지 않는 상태에서 동일한 측정량에 대하여 지침의 측정량이 증가하는 상태에서의 읽음값과 반대로 감소하는 상태에서의 읽음값의 차를 후퇴 오차 또는 되돌림 오차라고 말한다.

그 원인으로서는 기계적인 접촉 부분의 마찰저항, 히스테리시스(hysteresis) 및 흔들림 등으로 인하여 발생하며 후퇴 오차를 제거하기 위해서는 반드시 일정한 방향으로 지침이 측정값에 접근하도록 하여야 한다.

5) 측정력

비접촉식 측정기를 제외한 대부분의 측정기에서 피측정물을 양 측정면 사이에 끼워 측정할 때 그 사이에 작용하는 힘을 측정력이라 한다. 측정기의 종류에 따른 측정력은 마이크로미터 5~15N, 다이얼게이지 1.5~2N, 지침측미기(스템 지름 8㎜) 0.98N 이하 정도이다. 따라서 측정력은 전 측정 범위에 있어서 일정한 것이 좋으므로 정밀한 측정기는 일정하게 되어 있다.

6) 측정과 정도

(1) 측정값의 통계적 의미

동일 조건하에서 얻어지는 가상적인 무한히 많은 측정값의 집합을 통계적으로는 모집합이라 하고 그 평균값을 모평균이라 한다. 또한 무한히 많은 측정값 중에서 무작위의 몇 개 측정값의 집합을 측정값의 시료라 하고 그 평균값을 시료평균이라 한다.

예를 들면 n개의 측정값 $x_i(i=1, 2, 3, \cdots n)$일 때 시료평균 $\bar{x}$은 다음과 같다.

$$\overline{x} = \frac{1}{n} \sum_{i=1}^{n} x_i$$

위 식은 단지 n개의 시료의 평균을 아는 것이 목적이 아니고 참값을 알려고 측정값의 평균인 시료평균 $\overline{x}$를 구하나, 이것은 모평균 m을 알기 위한 것이다.

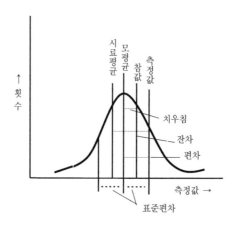

그림 1.1 측정값의 분포상태

그림 1.1은 측정값의 분포상태를 나타낸 것으로서 그림에서 치우침, 잔차, 편차 등의 관계는 다음과 같다.

① 치우침 = 모평균(m) − 참값(T)

② 잔차 = 측정값(x_i) − 시료평균$(\overline{x})$

③ 편차 = 측정값(x_i) − 모평균(m)

측정값이 평균값을 중심으로 어느 정도 흐트러진 상태로 되어 있는가를 나타내는 척도로서 표준편차(σ)를 사용한다.

표준편차(standard deviation)가 작다는 것은 우연오차가 작음을 의미하고 보통의 측정인 경우에 3~5회 측정하여 평균값을 구함으로써 우연오차를 제거한 측정값으로 다음 식을 활용한다.

$$\sigma = \sqrt{\frac{1}{n}\sum_{i=1}^{n}(x_i - \overline{x})^2}$$

실제의 측정에서의 측정 횟수는 유한하므로 다음 식으로 구한 표준편차(σ)를 사용한다.

$$\sigma = \sqrt{\frac{1}{n-1}\sum_{i=1}^{n}(x_i - \overline{x})^2}$$

x_i : 측정값

$\overline{x}$: 모평균

표준정규분포곡선에서 평균값 $\overline{x}$를 중심으로 $\pm\sigma$, $\pm2\sigma$, $\pm3\sigma$의 범위 안에 존재하는 확률값은 다음과 같으며 국제적으로 확률 95%($\pm2\sigma$)가 우선적으로 사용된다.

$\pm\sigma$의 범위 : 68.27%

$\pm2\sigma$의 범위 : 95.45%

$\pm3\sigma$의 범위 : 99.73%

예제 3 　아래의 측정값를 이용하여 평균값, 표준편차를 계산하시오.

$$x_1 = 48.1, \ x_2 = 47.6, \ x_3 = 47.7, \ x_4 = 48.2$$

풀 이 　$\overline{x} = \frac{1}{n}\sum x_i = \frac{1}{4}(48.1 + 47.6 + 47.7 + 48.2)$

$= 47.9$

$\sigma = \sqrt{\frac{1}{n-1}\sum(x_i - \overline{x})^2}$

$= \sqrt{\frac{1}{3}}\sqrt{(0.2)^2 + (-0.3)^2 + (-0.2)^2 + (0.3)^2}$

$= \sqrt{\frac{0.26}{3}} = 0.294$

(2) 정도

정밀한 측정기라 하더라도 제품과 같이 완전한 형상과 치수로 가공할 수는 없으므로, 한국공업규격(KS)에서는 각종 측정기에 대하여 허용 공차를 규정하고 있다. 이것을 측정기의 정도라 한다.

일반적으로 치우침(편위)의 작은 정도를 정확도(accuracy)라 하고, 흩어짐(산포)의 작은 정도를 정밀도(precision)라 한다. 그림 1.2는 정확도와 정밀도 관계를 나타낸 그림으로서 a는 정밀도는 좋으나 정확도가 나쁜 측정이고, b는 정확도는 좋으나 정밀도가 나쁜 측정을 표시한 것이다.

표 1.1은 정밀도와 정확도를 비교하여 나타내었다.

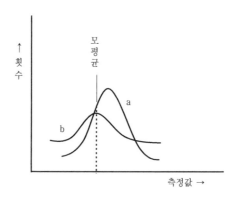

그림 1.2 정확도와 정밀도 관계

표 1.1 정확도와 정밀도의 비교

구 분	정밀도	정확도
의 미	흩어짐의 작은 정도	한쪽으로 치우침의 작은 정도
양적인 표시법	표준편차	모평균−참값
원 인	우연 오차	계통 오차

1.5 측정 오차

1) 오차(error)

어떤 계측기를 사용하여 측정하더라도 피측정물은 어느 결정된 값을 가지고 있을 때, 이 값을 참값이라 하며 측정값과 참값과의 차를 오차(error)라 한다.

따라서 오차, 오차율, 오차백분률은 다음과 같이 나타낸다.

$$오차 = 측정값 - 참값$$

$$오차율 = \frac{오차}{참값}$$

$$오차백분율 = \frac{오차}{참값} \times 100$$

또한 오차율의 절대값이 작을수록 측정의 정도는 좋다고 말한다.

예제 4 지름 30mm의 원통을 측정하였더니 30.06mm일 때 오차와 오차율은?

풀 이

$$오차 = 측정값 - 참값$$
$$= 30.06mm - 30mm = 0.06mm$$
$$오차율 = \frac{오차}{참값} = \left| \frac{0.06}{30} \right| = 0.002$$
$$= 2 \times 10^{-3}$$

2) 보정(correction)

참값은 어떠한 정밀 측정기를 사용하더라도 구할 수 없으며 얻어진 측정값으로부터 보다 참값에 가까운 값을 얻기 위하여 측정값에 더하는 값을 보정이라 한다. 즉 보정 (α)은 다음과 같이 나타낸다.

$$참값 = 측정값 + 보정$$
$$보정(\alpha) = 참값 - 측정값 = - 오차$$

따라서 보정은 오차와 크기가 같고 부호가 반대이며 또한 보정의 측정값(χ)에 대한 비 $\frac{\alpha}{\chi}$를 보정율이라고 한다.

3) 오차의 분류

동일 측정기로 하나의 부품을 반복하여 측정하였을 때 반드시 측정값이 같지 않고 편차가 생길 때가 있다. 그 원인으로는 부주의로 인한 인위적인 것과 측정기의 구조나 주위 환경의 부적당을 들 수 있으며, 그 발생원인과 성질에 따라 보통 다음과 같이 분류한다.

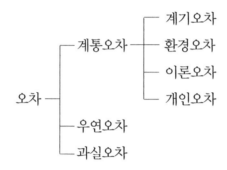

(1) 계통오차(systematic error)

동일 측정 조건하에서 같은 크기와 부호를 가진 오차로서 보정하여 측정치를 수정할 수 있으며, 이와 같이 측정기의 보정을 구하는 것을 교정이라 한다. 계통오차는 주로 측정기, 측정방법, 및 피측정물의 불완전성과 환경의 영향에 따라 생기는 오차이다.

① 계기오차

고유오차라고도 하며 측정기 자체가 가지고 있는 오차로서 KS에서는 온도 20℃, 기압 760mmHg, 습도 58%로 규정하고 있으며, 계기오차는 오차가 작은 측정기로 보정할 수 있고 또한 측정기를 보정하는 작업을 교정(calibration)이라 한다.

② 온도의 영향

모든 물체는 온도의 변화에 따라 늘어나거나 줄어든다. 그러므로 어떤 물체의 길이를 정확하게 만들려고 하면 기준 온도를 미리 정해 두어야 한다.

이 온도를 표준 온도라 하는데, 세계 각국에서는 공업적인 표준 온도를 20℃로 인정하고 있다. 표 1.2는 금속재료에 따른 열팽창계수를 나타낸 것이다.

이때 온도 변화 t℃에 따라 생기는 변화량 δl은 길이 l, 측정물의 열팽창계수 α 라 하면 변화량(δl)은 다음 같다.

$$\delta l = \alpha l t$$

표준온도 t_o에 있어서 길이 l_o는 다음과 같다.

$$l = l_o \left[1 + \alpha\left(t - t_o\right)\right]$$

$$l_o = \frac{l}{\left[1 + \alpha\left(t - t_o\right)\right]} \fallingdotseq l \left[1 - \alpha\left(t - t_o\right)\right]$$

$$\therefore \ l_o = l \left[1 + \alpha\left(t_o - t\right)\right]$$

l_o : 표준온도에서의 측정물의 길이(㎜)

t_o : 표준온도(20℃)

t : 표준자의 온도(℃)

l : 측정값

α : 측정물의 선팽창계수($10^{-6}/℃$)

그러나 실제로는 표준 온도에서만 측정할 수 없으므로 그 외에서 측정했을 때 표준자의 선팽창계수 $\alpha_o(10^{-6}/℃)$, 측정물의 온도 $t'(℃)$라 하면 다음 식으로 길이를 계산한다.

$$l_o = l \left[1 + \alpha_o\left(t - 20\right) - \alpha\left(t' - 20\right)\right]$$

표 1.2 금속재료에 따른 열팽창계수(20℃) (단위 : $10^{-6}/℃$)

재 료 명	선팽창계수	재 료 명	선팽창계수
알루미늄	23.8	두랄루민	22.6
금	14.2	강	11.5
은	19.5	유리	8.1
니 켈	13.0	청동	17.5
철	12.2	크롬강	10.0
황 동	18.0		

③ 측정기의 구조에 따른 영향

측정 방법으로서 가장 이상적인 방법은 양 측정면 사이에 기준편을 넣어 0점을 맞추고, 그 상태에서 기준편과 피측정물을 바꾸어 측정하는 치환법이다. 이 방법을 채택할 수 없을 때는 "표준자와 피측정물은 동일 축선상에 있어야 한다." 라는 아베(abbe)의 원리를 지켜야 한다. 그림 1.3은 측정기에 따른 오차를 나타낸 것이며, 정도가 높은 측정기에서는 이러한 구조가 기본적이다.

그림 (a)와 같이 표준자와 피측정물이 동일 축선상에 있는 마이크로미터는 그림 (b)와 같이 어떤 거리만큼 떨어진 평행선상에 있는 버니어 캘리퍼스에 비하여 같은 기울어짐에 대하여 생기는 오차는 극히 작다.

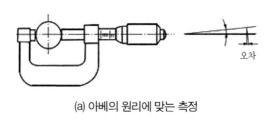

(a) 아베의 원리에 맞는 측정

(b) 아베의 원리에 맞지 않는 측정

그림 1.3 측정기에 따른 오차

④ 환경오차

실험실 주변의 물리적인 환경, 예를 들면 실험실 주변에 강력한 자기장을 발생하는 장치가 있을 때 이 자기장으로 인하여 계기의 지시값에 오차가 유발되게 하는 것을 의미한다.

⑤ 개인오차

숙달됨에 따라 어느 정도 줄일 수 있는 오차로서 눈금을 읽을 때 측정하는 사람의 습관에 의해 발생하는 오차이다.

예제 5 니켈로 만든 제품의 길이가 100㎜이고 선팽창계수 13.0×10^{-6}/℃ 일 때 표준온도에서 3℃ 올라가면 얼마나 팽창하는가?

풀 이 $\delta l = \alpha l t$

$$= 13.0 \times 10^{-6} \times 100 \times 3 = 3.9 \times 10^{-3} = 3.9 (\mu \mathrm{m})$$

예제 6 실온 25℃에 있어서 게이지블록(100.00㎜)을 측정한 결과 100.008㎜이었다. 이 게이지블록의 표준 온도(20℃)일 때의 오차는 얼마인가?
(단, 게이지블록의 선팽창계수는 11.5×10^{-6}/℃이다.)

풀 이 $l_o = l [1 + \alpha (t_o - t)]$

$$= 100.008 [1 + 11.5 \times 10^{-6} (20 - 25)]$$

$$= 100.008 - 0.00575 = 100.00225 (\mathrm{mm})$$

그러므로 표준온도 20℃에 있어서 게이지블록의 치수 오차는 $+2.25\mu\mathrm{m}$이다.

(2) 시차(parallax)

읽음에 있어서 시선의 방향에 따라 생기는 오차로서 그림 1.4와 같이 측정자의 눈의 위치에 따라 눈금의 읽음값에 오차가 생기는 경우가 있다. 이의 방지를 위해서는 측정자의 눈의 위치는 항상 눈금판에 대하여 수직이 되는 습관을 기르도록 한다. 최근에는 측정값이 직접 숫자(digital)로 표시되는 측정기도 있다. 시차와 함께 측정자의 미숙(정확히 중심선을 못 맞추는 등)으로 발생하는 오차를 개인오차라 한다.

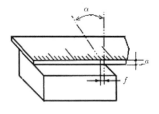

그림 1.4 시차

관측 방향에 의해서 선의 상대위치가 다르게 보여 오차가 발생한다. 이 때 자의 두께(a), 시선의 각도(α)라 할 때 시차(f)는 다음과 같다.

$$f = \tan \alpha \times a$$

예제 7 측정기의 눈금을 읽을 때 측정자의 잘못으로 눈금읽음에 오차를 가져올 수가 있다. 이때 자의 두께가 2mm이고 시선의 각도가 10°일 때 읽음 오차는?

풀 이
$$f = \tan\alpha \times a$$
$$= \tan 10° \times 2 \fallingdotseq 0.35 \, (\text{mm})$$

(3) 우연오차(accidental error)

전기 잡음이나 기계에서 발생하는 소음, 진동 등과 같은 주위 환경에서 오는 오차 또는 자연 현상의 급변 등으로 생기는 오차를 우연오차라 한다. 이것은 보정할 수 없으며 다음과 같은 성질이 있다.

① 어느 정도 이상의 큰 우연오차는 거의 발생하지 않는다.
② 값이 작은 우연오차는 큰 우연오차보다 더 많이 발생한다.
③ 크기가 같은 양(+), 음(−)의 우연오차는 거의 같은 빈도로 발생한다.

이상의 세 가지 성질 때문에 이에 대한 대책으로서 여러 번 측정하여 평균값을 구하거나 통계적으로 다루어 그 값이 최소화하도록 한다.

(4) 과실오차(faulty error)

측정자의 부주의로 생기는 오차를 의미하며 측정값을 기록함과 동시에 그래프에 기입함으로써 발견하기 쉽고 또한 계측 시스템을 자동화함으로써 제거할 수 있다.

(5) 지지방법에 의한 변형

가늘고 긴 모양의 측정기 또는 피측정물을 정반 위에 놓으면 접촉하는 면의 형상 오차 때문에 불규칙한 변형이 생기며 보통 길이 방향에 직각인 2개의 선으로 지지한다. 이 때 긴 물체는 자중에 의해 휨이 생기고 정확한 치수 측정이 불가능하다. 따라서 각 지점의 지지 위치에 따라 모양이 각각 달라지므로 사용 목적에 따라 가장 적합한 것을 선택해야 한다. 표 1.3은 용도에 따른 지지점의 위치를 나타낸 것이다.

길이의 오차를 최소로 하기 위한 지지점 사이의 거리가 이론적으로 다음과 같이 구하여진다.

① 에어리점(airy point) : 긴 게이지블록과 같이 양 끝면이 항상 평행 위치를 유지해야 할 필요가 있을 때의 지지점은 $A = 0.2113L$로 한다.

② 베셀점(bessel point) : 중립면 상에 눈금을 만든 선도기에서와 같이 전체 길이의 측정 오차를 최소로 하기 위한 지지점은 $A = 0.2203L$로 한다.

③ 긴 물체에 있어서 전체의 변형이 가장 작고 양끝과 중앙의 처짐이 같게 하기 위한 지지점은 $A = 0.2232L$로 한다.

④ 지지점 사이의 처짐이 가장 작게 하기 위한 지지점은 $A = 0.2386L$로 한다.

표 1.3 용도에 따른 지지점의 위치

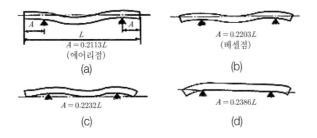

구분	그림(a)	그림(b)	그림(c)	그림(d)
특징	양 끝면의 축선과 수직 및 평행선을 그을 수가 있다.	중립축에 미치는 영향을 가장 적게 지지할 수 있다.	전체의 휨이 가장 적고, 양끝과 중앙의 힘이 같게 된다.	지지점 사이의 휨이 가장 적다.
용도	단도기(게이지블록)	눈금자(표준자)	면의 측정	면의 측정

| 예제 8 | 게이지블록 길이가 1,000㎜인 것을 2점으로 지지할 때 에어리점은 양끝으로부터 몇 ㎜인가? |

| 풀 이 | $A = 0.2113 \times L = 0.2113 \times 1,000 = 211.3$ ㎜ |

1.6 측정의 종류

1) 직접 측정

버니어 캘리퍼스, 마이크로미터, 측장기 등과 같이 직접 제품에 접촉시켜 측정기로부터 실제의 치수를 재는 방법을 말하며 그 장단점은 다음과 같다.

(1) 장점
① 수량이 적고 많은 종류의 측정에 유리하다.
② 측정물의 실제 치수를 직접 읽을 수 있다.
③ 측정기의 측정 범위가 다른 측정방법보다 넓다.

(2) 단점
① 측정을 하기 위해서는 경험과 숙련을 필요로 한다.
② 눈금의 읽음 오차가 생기기 쉽고 측정 시간이 길다.

2) 비교 측정

기준치수로 되어 있는 표준편과 제품을 측정기로 비교하여 지침이 지시하는 눈금의 차를 읽는 방법을 말하며 다이얼 게이지, 미니미터, 전기 마이크로미터, 공기 마이크로미터 등이 이것에 속하고 그 장단점은 다음과 같다.

(1) 장점
① 치수의 산포를 알고자 할 때에 계산을 생략할 수 있다.
② 면의 각종 형상의 측정이나 길이, 공작기계의 정밀도 검사 등 사용 범위가 넓다.

③ 대량 측정에 적당하고 높은 정도의 측정을 비교적 쉽게 측정할 수 있다.

④ 원격 조작이 가능하므로 자동화할 수 있다.

(2) 단점

① 기준 치수가 되는 표준게이지가 필요하다.

② 직접 제품의 치수를 읽을 수 없으며 측정 범위가 좁다.

3) 간접 측정

나사, 기어 등과 같이 형태가 복잡한 것에 이용되며, 기하학적으로 측정치를 구하는 방법을 간접 측정이라 한다. 예를 들면 사인바(sine bar)에 의한 각도 측정, 삼침에 의한 나사의 유효지름 측정법, 롤러와 게이지블록에 의한 테이퍼 측정 등이 있다.

4) 절대 측정

정의에 따라서 결정된 양을 실현시키고 그것을 사용하여 실시하는 측정으로서 압력을 U자관 압력계로서 수은주의 높이, 밀도, 중력가속도 등을 측정해서 종합적으로 압력의 측정값을 결정하는 것이 절대 측정이다.

5) 한계게이지 방법

제품에 주어지는 허용차로부터 최대허용치수와 최소허용치수의 양쪽 한계를 정하고 제품의 실제 치수가 그 범위 안에 있는지 벗어나는지에 따라 합격과 불합격을 결정하는 방식으로서 이 방식의 장단점은 다음과 같다.

(1) 장점

① 대량 측정에 적당하고 합격과 불합격의 판정이 용이하다.

② 조작이 간단하므로 경험이 필요하지 않다.

(2) 단점

① 제품의 실제 치수를 알 수 없다.

② 측정치수가 결정됨에 따라 각각 1개씩의 게이지가 필요하다.

1.7 측정방법

측정에 있어서 기본이 되는 것은 직접측정이라고 할 수 있으며, 직접측정에서는 측정량과 같은 종류의 기준량과의 비교가 행해지므로 기준량과 비교하는 방법을 크게 영위법과 편위법으로 나눌 수 있다.

1) 영위법

영위법은 편위법보다 정밀도가 높은 측정을 할 수 있다. 이 방법의 측정은 사전에 알고 있는 양과 크기로부터 측정량을 평형시켜, 이 때 사전에 알고 있는 크기로부터 측정량을 아는 방법이 영위법(null method, zero method)이다.

그림 1.5(a)는 영위법에 의한 측정을 나타낸 것으로서, 천칭을 이용하여 물체의 질량을 측정하는 경우에 그림과 같이 좌우의 접시 분동과 측정하고자 하는 물체를 올려놓고 분동의 질량을 조정하여 지렛대가 수평이 되도록 함으로써 분동의 질량(M_0)으로부터 물체의 질량(M)을 구할 수 있다.

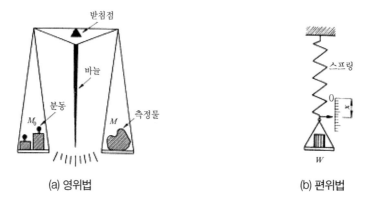

(a) 영위법   (b) 편위법

그림 1.5 영위법과 편위법에 의한 측정

예를 들면 마이크로미터, 휘스톤 브리지, 전위차계 등이 이 방식에 속하며 마이크로
미터의 경우는 정밀하게 가공된 나사가 기준량이 되며 이것을 회전시켜 측정하려고
하는 길이와 같도록 조정한 후 나사의 회전각으로부터 측정치를 구하는 것이다.

2) 편위법

전류 또는 전압의 크기에 비례하여 계측기의 지침에 편위를 일으켜 이 편위를 눈금
과 비교함으로써 측정을 행하는 방식을 편위법(deflection method)이라고 한다. 그림
1.5(b)는 편위법에 의한 측정을 나타낸 것이며, 그림과 같이 피측정물의 중량에 의한
용수철에 변위를 일으켜 이것을 지침의 편위로 지시하여 기준량으로서의 눈금과 비교
하여 측정치를 얻는 것이다.

예를 들면 다이얼 게이지, 전류계, 일반 계측기, 가동 코일식 전압계 등이 이 방식에
속한다.

1.8 측정에 필요한 사항

1) 국제 단위계

모든 언어에서 SI로 표시하는 국제 단위계는 제11차 국제도량형총회(CGPM, 1960)
에서 채택되었으며, SI는 ISQ와 관련하여 일관성 있는 단위체계이다. SI의 7개 기본단
위와 유도단위를 포함하며 이들이 모여 SI단위의 일관성 있는 체계로 구성된다.

현재 세계 대부분의 국가에서 채택하여 사용하고 있는 단위계는 국제 단위계이며
이 단위의 명칭은 '국제 단위계'라 하고, 약칭은 SI단위(The International System of
Units)이다. 국제단위의 정의는 과학과 기술의 발달에 따라 바뀔 수 있으며, 국제 도량
형 총회에서 결정한다. 표 1.4와 1.5는 SI 기본단위와 유도단위 및 SI 접두어를 나타낸
것이다.

표 1.4 SI 기본단위와 유도단위 (KS A ISO 80000-1)

구 분	양	명 칭	기 호
기본단위	길 이	meter	m
	질 량	kilogram	kg
	시 간	second	s
	전 류	Ampere	A
	열역학적 온도	Kelvin	K
	물 질 량	mole	mol
	광 도	candela	cd
유도단위	평 면 각	radian	rad
	입 체 각	steradian	sr

표 1.5 SI 접두어 (KS A ISO 80000-1)

접두어	인 수	기 호	접두어	인 수	기 호
요타(yotta)	10^{24}	Y	데시(deci)	10^{-1}	d
제타(zetta)	10^{21}	Z	센티(centi)	10^{-2}	c
엑사(exa)	10^{18}	E	밀리(milli)	10^{-3}	m
페타(peta)	10^{15}	P	마이크로(micro)	10^{-6}	μ
테라(tera)	10^{12}	T	나노(nano)	10^{-9}	n
기가(giga)	10^{9}	G	피코(pico)	10^{-12}	p
메가(mega)	10^{6}	M	펨토(femto)	10^{-15}	f
킬로(kilo)	10^{3}	k	아토(atto)	10^{-18}	a
헥토(hecto)	10^{2}	h	젭토(zepto)	10^{-21}	z
데카(deca)	10^{1}	da	욕토(yocto)	10^{-24}	y

2) 길이 및 각도 단위

(1) 길이 단위

프랑스 파리를 통과하는 지구 자오선이 북극에서 적도까지의 길이의 1/1,000만을 1미터(meter)로 정하고, 백금(90%)과 이리듐(10%)의 합금으로 된 미터원기는 X단면을 한 것으로 온도 0℃일 때 미터원기의 표선 사이의 거리를 1m로 정하여 1889년 제1회

국제도량형총회(CGPM)에서 확정하여 1960년까지 사용하여 왔다. 그러나 미터원기는 어쩔 수 없는 재해나 사고로 파손될 우려와 시간이 지남에 따라 변한다는 사실이 알려짐으로서, 자연 중에서 일정 불변한 것을 기준으로 하는 것이 좋겠다는 의견 제시로 1983년 제17차 국제도량형총회에서 길이의 단위를 다음과 같이 새롭게 규정하였는데, 길이의 단위 미터(m)는 "빛이 진공중에서 1/299,792,458초 동안 진행된 거리이다."로 정의되었으며 주파수 안정도 10^{-11} 정도인 옥소안정화 헬륨 네온 레이저를 한국 표준과학연구원에서 보유하고 있으며 이것을 국가의 길이 원기로 현재 사용하고 있다.

(2) 각도 단위

① 도(degree) : 도는 원주를 360등분한 호의 중심에 대한 각을 말하며 보조단위로는 1°를 60등분한 분(1′)과 1°를 3,600등분한 초(1″)가 있다.

② 라디안(radian) : 원의 반지름(r)과 같은 호의 중심에 대한 각도를 말하며 도(1°)와의 관계는 아래와 같다.

$$1\text{rad} = \frac{r}{2\pi r} \times 360 = \frac{180}{\pi} = 57.29577951°$$

$$1° = \frac{\pi}{180}\text{rad} = 1.745329 \times 10^{-2}\text{rad} = \frac{1}{57.295}\text{rad}$$

$$1' = 2.9089 \times 10^{-4}\text{rad} = \frac{1}{3,437.75}\text{rad}$$

$$1'' = 4.8481 \times 10^{-6}\text{rad} = \frac{1}{206,265}\text{rad}$$

보조 단위로는 $1\text{m rad} = \frac{1}{1,000}\text{rad}$

$$1\mu\text{rad} = \frac{1}{1,000,000}\text{rad}$$

③ 스테라디안(steradian)

입체각 크기에 대한 국제단위계(SI)의 단위로서 구 반지름의 제곱과 같은 구 표면적에 대응하는 구의 입체각으로 정의되며 기호는 sr이다.

3) 유효숫자(significant figures)

어떤 치수를 측정한 결과 측정값으로 25.86mm를 얻었을 경우에 수학적으로는 25.860000…이라는 뜻이지만, 1mm 단위의 눈금자로 물체의 길이를 잴 때 1mm 이하의 수치를 목측하여 얻은 측정값이 21.5mm이었다면 이것은 21.4mm나 21.6mm보다는 21.5mm에 가까운 값이라는 것을 의미하며 다음 범위에 있다.

$$21.45 \leqq 21.5 < 21.55$$

일반적으로 측정값은 맨 끝의 숫자까지 뜻이 있으나 그 이하 자리의 수치는 알 수 없으나 이와 같이 숫자 등에서 뜻이 있는 숫자를 유효숫자라 한다.

따라서 유효숫자는 어떤 양의 크기와 측정의 정밀도를 고려한 실제적인 정보를 나타내며 유효 숫자가 많을수록 측정의 정밀도는 높다.

예제 9　다음 측정값의 치수에서 유효숫자의 자리수는?

풀 이	치 수	유효숫자 자리수	의 미
	① 30.25	4	
	② 8.60	3	맨끝의 0은 뜻이 있으므로 유효숫자로 간주한다.
	③ 19000	5	맨끝의 0은 뜻이 있으므로 유효숫자로 간주한다.
	④ 0.0065	2	자리수를 정하기 위한 0은 유효숫자로 계산하지 않는다.

상기 ③에서 유효숫자 2자리로 표현하기 위해서는 19×10^3로 표시한다.

4) 압축, 접촉, 굽힘에 의한 변형

(1) 압축에 의한 변형

측정할 때에는 측정압에 의해 변형이 생기므로 이 변형은 일정한 한계 내에 있어야 하며 그렇지 않을 때에는 허용할 수 없는 측정오차가 발생하게 된다.

압축에 의한 변형은 후크의 법칙(Hooke's law)에 의해 표면이 평면인 물체는 측정기 측정력에 의해 줄어든다. 따라서 그 변형량(λ)은 후크의 법칙에 의해 다음과 같다.

$$\lambda = \frac{PL}{AE}$$

A : 단면적(mm^2)

E : 세로탄성계수(kg/mm^2, N/mm^2)

P : 측정력(kg, N)

L : 전 길이(mm)

예제 10   200mm 게이지블록과 조오를 홀더에 넣고 40N으로 고정하였을 때 변형량은?(단 재질은 강 $b \times h = 34\text{mm} \times 9\text{mm}$, $E = 2.1 \times 10^4\,\text{N}/\text{mm}^2$이다.)

풀 이 $\lambda = \dfrac{PL}{AE} = \dfrac{40 \times 200}{34 \times 9 \times 2.1 \times 10^4} = 0.00124\text{mm}$

$\qquad\qquad = 1.24\,\mu\text{m}$

(2) 접촉에 의한 변형

그림 1.6, 1.7, 1.8과 같이 구면과 평면이 접촉할 경우, 구면과 2개의 평면일 경우, 원통형과 2평면일 경우 압력이 적어서 탄성 한도를 넘지 않을 때에는 접촉면에 탄성 변형이 일어난다. 이 변형은 재질이 강이며 피측정물의 면의 상태에 따라 다르나 헤르쯔(Hertz)의 실험식에 의해 탄성적 접근량 $\delta\,\mu\text{m}$은 측정력 P (kg, N), 구의 지름 d mm, 접촉길이 l mm일 때 다음과 같다.

① 구면과 평면일 경우

$$\delta = 1.9 \sqrt[3]{\frac{P^2}{d}}, \quad \delta = 0.42 \sqrt[3]{\frac{P^2}{d}}$$

$$(\text{P : kg}) \qquad\qquad (\text{P : N})$$

그림 1.6   구면과 평면의 접촉

② 구면과 2개의 평면일 경우

$$\delta = 3.8 \sqrt[3]{\frac{P^2}{d}}, \quad \delta = 0.82 \sqrt[3]{\frac{P^2}{d}}$$

$$(\text{P : kg}) \qquad\qquad (\text{P : N})$$

그림 1.7   구면과 2평면의 접촉

③ 원통형과 2평면일 경우

$$\delta = 0.92 \frac{P}{l} \sqrt[3]{\frac{1}{d}} \ , \ \delta = 0.094 \frac{P}{l} \sqrt[3]{\frac{1}{d}}$$

$$(P : kg) \qquad\qquad (P : N)$$

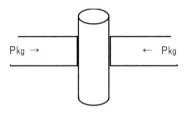

그림 1.8 원통형과 2평면의 접촉

예제 11 강구의 직경 2㎜를 평행한 양 평면으로 측정할 때 측정력이 4N인 경우에 강구는 얼마나 작게 측정되는가?

풀 이 $\delta = 0.82 \times \sqrt[3]{\frac{P^2}{d}} = 0.82 \times \sqrt[3]{\frac{4^2}{2}}$

$$= 0.82 \times 2 = 1.64 \, \mu m$$

(3) 굽힘에 의한 변형

굽힘에 의한 변형은 둥근봉의 지름이 d㎜(단면 2차모멘트 $I = \frac{\pi d^4}{64}$)인 한 끝을 고정하고 반대편 선단에 측정력이 작용할 때 봉 선단의 처짐과 둥근봉의 양끝을 지지하고 봉의 중앙에 측정력이 작용한다면 중앙의 처짐이 발생한다. 이 때 봉의 길이 l(㎜), 측정력 P(kg), 단면 2차모멘트 I(㎜^{4}), 세로 탄성계수 E(kg/㎜^{2}), 처짐 δ(㎜)라 하면 다음 식으로 처짐량을 구할 수 있다.

① 고정봉의 한 끝에 측정력이 작용할 경우

$$\delta = \frac{Pl^3}{3EI}$$

② 양끝을 지지하고 중앙에 측정력이 작용할 경우

$$\delta = \frac{Pl^3}{48EI}$$

5) 접촉오차

피측정물의 형상에 부적당한 측정자를 사용하였을 때나 측정기의 측정면이 마모되거나 측정면이 평행이 아닐 때 생기는 오차를 접촉오차라 하며 접촉오차를 줄이기 위한 대책은 다음과 같다.

① 측정기의 측정면은 내마모성이 좋은 재질을 사용하며, 특히 피측정물이 회전중인 것은 피하고 정지 상태에서 사용한다.

② 측정기의 측정면 모양은 피측정물의 외형이 곡면일 때는 평면을 사용하고 안지름에는 구면이나 곡면을 사용한다.

③ 점접촉을 얻기 위하여 피측정물이 원통 또는 구모양일 경우에는 평탄한 측정면을 사용하고 평탄하면 측정면은 대개 구모양을 사용한다.

② 측정기 정도 및 관리방법

2.1 제품공차와 측정기 정도의 관계

좋은 품질의 제품을 얻기 위해서는 기계의 기능과 품질을 만족하는 범위 안에서 가공 검사 및 경제성을 고려하여 공차를 결정한다.

그러므로 제품치수의 정밀도(σw), 측정기의 정도(σm)라 하면 그 측정기로 측정한 제품의 측정정도(σ)의 관계는 다음과 같다.

$$\sigma^2 = \sigma w^2 + \sigma m^2$$

그림 1.9와 같이 제품공차 $T = \pm k\sigma w$로 가공된 제품치수는 실선처럼 분포하고 이것을 측정기로 측정하면 측정기 정도의 영향을 받아 점선과 같은 넓은 분포로 된다.

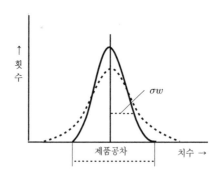

그림 1.9 제품치수의 분포에 대한 측정기 정도의 영향

따라서 제품치수의 정밀도 σw에 대하여 측정기의 정도 σm의 비율을 생각하면, 예를 들어 $\sigma w = 1$에 대하여 $\sigma m = 1/5$이라 하면, $\sigma^2 = 1^2 + 0.2^2$이므로 결과는 $\sigma \fallingdotseq 1.020$으로 된다. 이것은 제품치수 정밀도의 1/5, 즉 제품 공차 1/10 정도의 측정기를 사용하여 측정하면 측정기의 정도는 제품 공차에 2%영향을 준다고 할 수 있다. 그 밖의 비율에 대한 것은 표 1.6과 같다.

표 1.6 σw에 대한 σm의 비율이 σ에 주는 영향

$\sigma m/\sigma w$	$(\sigma m/T)$	σ
1/10	(1/20)	1.005
1/5	(1/10)	1.020
1/2.5	(1/5)	1.077
1/2	(1/4)	1.118
1/1	(1/2)	1.414

※( )안은 σw를 제품공차로 한 비율임

일반적으로 2% 이하, 즉 측정할 제품 공차의 1/10보다 높은 정도의 측정기를 선택하여 사용하면 좋다.

예제 12 제품의 공차가 ±0.1㎜일 때 제품을 검사하는데 사용되는 가장 적당한 측정기의 정도는?

| 풀 이 | 제품 공차의 5~10%임으로 0.01~0.02mm 정도의 측정기가 적당하다. |

2.2 측정기 관리 방법

정밀공업의 발달과 더불어 측정에 있어서 정밀도와 정확도에 대한 요구 수준이 날로 높아짐에 따라 좋은 측정기를 요구하게 된다. 그러므로 정밀하게 다듬질된 측정기의 각 부분에 약간의 먼지, 녹, 돌기 등이 생겨도 사용할 수 없게 된다. 또한 측정기 관리의 부실로 인하여 정도가 나빠진 측정기로 생산된 제품을 측정하여 불량품을 낸다면 큰 손실이 아닐 수 없다.

1) 온도

측정기 보관 및 사용에 있어서는 국제적으로 규정된 표준온도 20℃상태가 유지되도록 표준실에 보관 관리하여야 하며, 표준실이 아닌 장소에 보관할 경우에는 온도 변화를 최소화하여 보관하여야 한다. 또한 온도를 효과적으로 항상 일정하게 유지하기 위해서는 표준실을 마련해야 한다.

2) 습도

습도가 길이 측정 분야에서 영향을 주는 한 가지 좋은 예는 광파간섭계를 사용하는 경우로서, 이는 습도가 공기중의 수증기량을 표시하는 것으로 수증기량은 공기의 굴절률에 영향을 주기 때문이다. 광파간섭계를 이용하여 길이를 측정할 때 요구 환경조건은 표준 수증기압이 10mmHg, 즉 표준 온도 20℃에서 상대습도 약 58%에 해당된다.

실제로 광파간섭계를 사용하여 100mm의 게이지블록을 측정할 때 기준 습도로부터 약 10%정도 실내 습도가 변하였다면 이로 인한 보정량은 0.01μm정도이다. 그러나 일반적인 측정을 수행하는 표준실에서는 습도에 대한 엄격한 규제는 필요로 하지 않는 실정이다.

그림 1.10은 상대습도에 따른 녹의 발생량 관계를 나타낸 것으로서 습도가 50%를 넘으면 녹이 발생하기 시작하여 70%를 넘게 되면 심해지고, 공기중에 가스나 먼지 등

불순물이 포함되어 있으면 녹의 발생이 더욱 가속화된다. 또한 습도 80% 이상의 공기 중에 아황산가스가 함유된 상태는 없는 상태보다 부식이 100배 정도 빠르게 진행된다. 그러므로 사용 후는 반드시 점검하고 먼지 및 지문을 제거한 다음 방청유를 칠하여 보관한다.

먼지는 측정기 운동부위에 부착되어 마찰의 원인이 되거나 게이지의 표면에 상처를 내어 정밀 측정의 결과나 수명에까지 많은 영향을 미치게 한다.

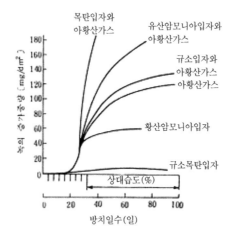

그림 1.10 상대습도에 따른 녹의 발생량

길이의 측정

CHAPTER **02**

1 길이 측정기

1.1 버니어 캘리퍼스(vernier calipers)

버니어 캘리퍼스는 자와 캘리퍼스를 조합한 측정기로서 일감의 내경, 외경, 깊이, 단차 및 길이 등을 측정하는데 사용된다. 측정 정도는 0.02㎜, 0.05㎜로서 측정 조 (jaw)와 어미자 눈금 및 아들자 눈금에 의해 한번에 정확히 치수를 측정할 수 있으며, 이 측정기를 처음 만든 사람은 프랑스의 버니어(Vernier, pierre : 1580~1637)로 그의 이름을 따서 버니어 캘리퍼스라고 부르고 있다.

1) 버니어 캘리퍼스의 종류와 구조

바깥지름, 안지름, 깊이, 길이 및 단차를 측정하는 측정기로서 최소 눈금값이 0.02 ㎜인 경우 측정 길이는 150㎜, 200㎜, 250㎜, 300㎜, 400㎜, 500㎜ 등이 있다.

표 2.2는 버니어 캘리퍼스의 종류와 특징을 나타낸 것이며, 그림 2.1과 2.2는 M₁형 버니어 캘리퍼스의 각부 명칭과 CM형 버니어 캘리퍼스의 각부 명칭을 나타낸 것이다.

표 2.1 버니어 캘리퍼스의 종류와 특징

종류	특징	눈금기입	최소 눈금값
M₁형 (표준형)	1. 내측 측정용 조가 있다. 2. 깊이 바가 있다. 3. 슬라이더에 미동 장치가 없다.	1. 어미자의 최소눈금 : 1mm 2. 어미자 19mm를 20등분한 아들 자로 되어 있다.	0.05mm
M₂형	1. 내측 측정용 조가 있다. 2. 깊이 바가 있다. 3. 슬라이더에 미동장치가 있다.	1. 어미자의 최소눈금 : 0.5mm 2. 어미자 24.5mm를 25등분한 아 들자로 되어 있다.	0.02mm

CM형
(독일형)
	1. 내측 측정용 조가 별도로 없고 외
	   측 측정용 조의 바깥 끝부분으로
	   측정
	2. 슬라이더가 홈형이다.
		1. 어미자의 최소눈금 : 1mm
		2. 어미자 49mm를 50등분한 아들
		   자로 되어 있다.
			0.02mm

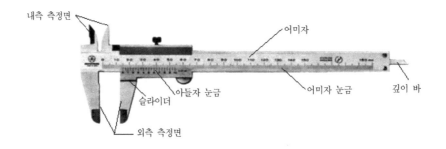

그림 2.1 M₁형 버니어 캘리퍼스의 각부 명칭

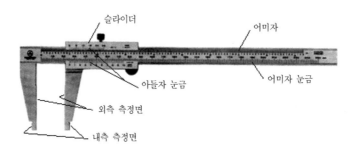

그림 2.2 CM형 버니어 캘리퍼스의 각부 명칭

2) 그 밖의 버니어 캘리퍼스

(1) 다이얼 버니어 캘리퍼스

다이얼게이지와 캘리퍼스를 조합한 것으로 다이얼게이지의 지침으로 읽게 되어 있다. 어미자의 틈에 래크(rack)가 붙어 있고 다이얼게이지 지침 축의 피니언(pinion)에 의해 길이를 측정하도록 되어 있다.

그림 2.3은 다이얼 버니어 캘리퍼스를 나타낸 것으로 어미자의 눈금 간격은 5㎜이며, 피니언 1회전이 5㎜이므로 다이얼게이지 눈금판에서 읽을 수 있는 최소 눈금은 0.05㎜인 것이 붙어 있다. 또한 M_1형의 기능을 구비하고 있어 외측, 내측은 물론, 깊이 측정과 단차 측정이 가능하다. 호칭 치수는 150㎜, 200㎜, 300㎜ 등이 있다.

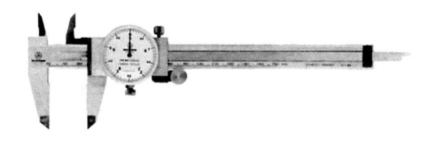

그림 2.3 다이얼 버니어 캘리퍼스

(2) 깊이 버니어 캘리퍼스

그림 2.4는 깊이 버니어 캘리퍼스를 나타낸 것으로 깊이, 단차를 측정할 수 있으며 DM형, DB형, DS형 등의 종류가 있고 측정에 있어서 깊이를 0.02㎜까지 측정할 수 있다.

그림 2.4 깊이 버니어 캘리퍼스

(3) 이두께 버니어 캘리퍼스

그림 2.5는 이두께 버니어 캘리퍼스를 나타낸 것으로 직각 방향으로 두 개의 버니어 캘리퍼스에 의해 기어의 피치원상의 이 두께를 측정하는데 사용한다.

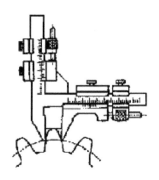

그림 2.5 이두께 버니어 캘리퍼스

(4) 오프셋 버니어 캘리퍼스

그림 2.6은 오프셋 버니어 캘리퍼스를 나타낸 것으로 어미자 머리 부분의 클램프 나사를 풀어서 어미자의 조를 자유로이 움직일 수 있기 때문에 보통 버니어 캘리퍼스로 측정할 수 없는 단차 측정이 가능하다. 이외에도 각종의 전용 버니어 캘리퍼스가 있다.

그림 2.6 오프셋 버니어 캘리퍼스

3) 버니어의 눈금의 원리

버니어(아들자)의 눈금에는 두 종류가 있다. 어미자의 한 눈금보다 약간 작은 눈금을 가진 순 버니어와 다른 하나는 어미자의 한 눈금보다 약간 큰 눈금을 가진 역 버니어가 있으며, 일반적으로 버니어 캘리퍼스, 하이트게이지 등의 아들자에는 순 버니어가 사용되고 역 버니어는 사용되지 않는다. 순 버니어에는 보통 버니어와 롱 버니어가 있다.

(1) 눈금 기입방법

① 보통 버니어

가장 많이 사용되는 아들자 눈금으로서 어미자의 $(n-1)$눈금을 n등분한 것으로, 다시 말하면 아들자의 0위치에 가깝게 있는 어미자의 눈금을 읽고 어미자 눈금의 진행 방향에 있어서 어미자 눈금과 아들자 눈금이 일치하는 곳의 아들자 눈금을 읽으면 어미자 눈금값의 아래자리 수가 구해진다.

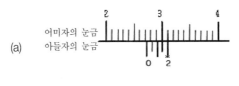

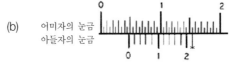

그림 2.7 보통 버니어의 읽는법

버니어 캘리퍼스에서 어미자의 1눈금 간격을 S, 아들자의 1눈금 간격을 V라 할 때 아들자로부터 읽을 수 있는 최소 측정값 C는 다음 식으로 나타낼 수 있다.

$$(n-1)S = nV$$
$$V = \frac{(n-1)S}{n}$$
$$C = S - V = S - \frac{(n-1)S}{n}$$
$$C = \frac{S}{n}$$

그림 2.7(a)는 어미자 눈금 간격이 1mm이고 어미자 19mm를 20등분 한 버니어 캘리퍼스의 버니어 읽는 법을 나타낸 것으로서 아들자의 0점은 어미자의 27mm를

조금 지난 곳에 있으므로 27mm보다는 큰 것을 알 수 있다. 또한 어미자와 아들자의 눈금이 일치된 곳은 4번째 눈금(*표)이고 최소 측정값이 0.05mm이므로 27+(0.05×4)=27.2mm로 계산된다.

그림(b)는 아들자의 눈금을 어미자 49mm를 50등분하여 최소 측정값이 1/50mm인 버니어 캘리퍼스로서 4.5+(0.02×11)=4.72mm로 계산된다.

② 롱 버니어

어미자의 눈금 간격이 1mm이고 어미자 39mm를 20등분한 눈금을 아들자의 눈금으로 하여 1/20mm를 읽을 수 있다. 이것을 롱 버니어라 한다. 그림 2.8은 롱 버니어 읽는 법을 나타낸 것으로 롱 버니어도 보통 버니어와 마찬가지 요령으로 아들자의 0점은 어미자의 2mm를 조금 지난 곳에 있고 아들자와 어미자의 눈금은 아들자의 9번째 눈금에서 일치되었으므로 2+(0.05×9)=2.45mm로 계산된다.

그림 2.8 롱 버니어의 읽는 법

예제 1 어미자의 눈금선 간격이 1mm이고, 아들자는 19mm를 20등분하였다면 최소 측정값은?

풀 이 $C = \dfrac{S}{n} = \dfrac{1}{20}\,\text{mm}$

예제 2 어미자의 1눈금 간격이 1mm이고, 아들자의 눈금은 어미자의 49mm를 50등분할 때 어미자와 아들자의 1눈금의 차이는?

풀 이 $C = \dfrac{S}{n} = \dfrac{1}{50}\,\text{mm}$

(2) 측정시 유의사항

① 그림 2.9는 버니어 캘리퍼스를 사용할 때 측정면의 접촉상태를 나타낸 것으로 측정시 조가 피측정물에 정확히 접촉되도록 한다.

② 사용하기 전에 각 부분의 먼지, 기름 등을 깨끗이 닦아낸 후 버니어캘리퍼스의 기점(0점)이 합치되어 있는지 0점을 반드시 확인한다.

③ 어미자와 아들자의 측정면을 가볍게 밀착시켜 광선에 비춰 보아 틈새가 있는지를 확인할 때 광선이 겨우 보일 정도면 3~5㎛의 틈이 생긴 것이다.

④ 버니어 캘리퍼스는 아베의 원리에 맞지 않으므로 가능한 어미자의 기준 끝에 가까운 쪽에서 측정하는 것이 좋으며, M형 버니어 캘리퍼스는 조의 끝 쪽이 얇게 되어 있어 나비가 좁은 홈 등을 측정하는 이외에는 마멸을 방지하기 위해 두꺼운 쪽을 사용하는 것이 좋다.

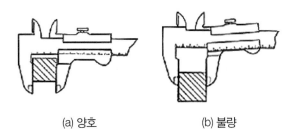

(a) 양호   (b) 불량

그림 2.9 측정면의 접촉상태

⑤ 내경을 측정할 경우에는 측정값의 최대를 구하며 홈, 나비 등의 측정에 있어서는 최소값을 구하는데 유의해야 한다.

⑥ 전반적으로 측정력을 일정하게 하는 정압 장치가 없으므로 무리한 측정력을 주지 않는다.

⑦ 특히 작은 내경의 안지름을 측정할 때에는 실제치수보다 작게 측정되므로 유의해야 한다.

⑧ 눈금을 읽을 때에는 시차가 생기지 않도록 눈금면의 직각 방향에서 읽도록 한다.

⑨ 회전중인 공작물의 측정은 하지 않는다.

⑩ 보관할 때에는 먼지, 습기 등이 없고 온도 변화가 적은 장소에 보관해야 한다.

1.2 하이트게이지(height gauge)

하이트게이지는 스케일, 베이스, 서피스게이지 등의 기본 구조로서 아들자 눈금을 이용하여 정확하게 읽을 수 있으며 대형 부품, 복잡한 모양의 부품 등을 정반 위에 놓고 정반면을 기준으로 하여 높이를 측정하거나 스크라이버(scriber) 끝으로 금긋기 작업을 하는데 사용한다.

1) 눈금 기입 방법

일반적으로 어미자의 눈금 간격이 1mm이고 아들자의 눈금은 어미자 49mm를 50등분하여 최소 측정값이 1/50mm로 되어 있으며 어미자 양쪽에 눈금을 새긴 것에는 1/20mm의 최소 측정값을 함께 사용하고 있다. 그밖에 어미자의 눈금 간격이 0.5mm이고 어미자 24.5mm를 25등분한 아들자로서 최소 눈금값이 1/50mm로 되어 있는 하이트게이지도 있다. 또한 눈금 읽는 방법은 버니어 캘리퍼스와 동일하다.

2) 하이트게이지의 종류

하이트게이지는 HM형, HB형, HT형의 3종류로 크게 분류할 수 있으며 그밖에 다양한 종류가 있다. 일반적으로 가장 많이 사용하는 것은 HM형과 HT형의 병용형이고 호칭치수는 300mm, 600mm, 1,000mm 등이 있다.

눈금 읽는 방법은 버니어 캘리퍼스와 동일하며 일반적으로 어미자 49mm를 50등분한 아들자로서 최소 측정값이 1/50mm로 되어 있다. 그림 2.10은 하이트게이지의 각부 명칭을 나타낸 것이다.

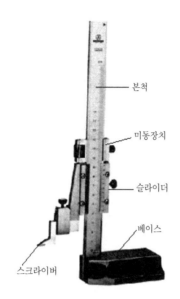

본척

미동장치

슬라이더

베이스

스크라이버

그림 2.10 하이트게이지의 각부 명칭

(1) HM형 하이트게이지

견고하여 금긋기 작업에 적당하고 슬라이더가 홈형이며, 정반 위에 놓았을 때 스크라이버의 밑면이 정반 위에 닿을 수 있다. HM형은 0점을 조절할 수 없으며, 미동장치를 사용하여 슬라이더의 미동이나 측정력을 조정할 수 있다.

(2) HB형 하이트게이지

가볍고 측정이 간단하나 금긋기용으로는 약해서 휨에 의한 오차가 생기기 쉽고 슬라이더가 상자 모양으로 되어 있으며, 이송 바퀴를 돌려 아들자를 조금씩 이동시킬 수 있는 미동장치가 있다. 스크라이버의 밑면은 정반면까지 내려갈 수 없으나 아들자(슬라이더)의 이농 거리가 곧 높이가 된다.

(3) HT형 하이트게이지

스크라이버 밑면이 정반면에 닿아 정반면으로부터 높이를 측정할 수 있으며, 특징으로는 어미자 이송 장치에 의해 본척을 이동시켜 0점을 조정할 수 있고 확대경이 붙어 있어 눈금 읽기가 편리하다.

(4) HM형과 HT형의 병용형

그림 2.11(a)는 HM형과 HT형의 병용형 하이트게이지로서 HT형 하이트게이지의 본 척을 움직일 수 있는 장점과 HM형 하이트게이지의 아들자(슬라이더)를 붙인 측정기 이다.

(a) HM형과 HT형 병용형   (b) 다이얼 하이트게이지

그림 2.11 각종 하이트게이지

(5) 다이얼 하이트게이지

그림 2.11(b)는 다이얼 하이트게이지를 나타낸 것으로 아들자 대신 다이얼게이지를 붙인 것으로서 눈금을 정확하게 읽기 쉽게 한 측정기이다.

3) 사용상의 유의사항

① 하이트게이지는 아베의 원리에 맞지 않는 구조이므로, 스크라이버를 짧게 하여 사용하는 것이 좋다.

② 측정 전에 정반과 하이트게이지의 베이스 밑면을 깨끗이 닦아서 사용한다.

③ 측정 전에 스크라이버 밑면을 정반 위에 닿게 하여 0점을 조정한다. 0점 조정을 할 수 없는 HM형, HB형 등의 하이트게이지는 그 오차만큼 측정값을 보정해 주어야 한다.

④ 시차를 없애기 위해서는 어미자와 아들자의 눈금이 일치하는 곳의 수평 위치에서 읽도록 하여야 한다.

⑤ 스크라이버의 날끝은 초경합금이므로 파손되지 않도록 조심하여 취급한다.

⑥ 금긋기할 면은 깨끗이 가공되어야 하며, 스크라이버의 고정 나사는 충분히 조인 후 사용한다.

1.3 마이크로미터(micrometer)

18세기 제임스 와트(James Watt)가 나사를 이용하여 물건의 길이를 재는 측정기를 발명한 이래, 1948년에 프랑스 사람 팔머(Palmer)에 의해 오늘날 사용되고 있는 마이크로미터에 가까운 것이 발명되어 판 두께를 측정하는데 사용하여 왔다. 이후 미국인 브라운(Brown)과 샤프(Sharpe)에 의해 오늘날 사용하는 마이크로미터가 만들어졌다.

1) 마이크로미터의 원리

표준 마이크로미터의 원리는 그림 2.12와 같으며, 나사의 피치가 0.5㎜, 딤블의 원주 눈금이 50등분되어 있으므로 스핀들 이동량(x)은 다음과 같다.

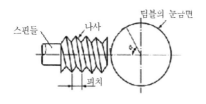

그림 2.12 마이크로미터의 원리

$$x = 0.5 \times \frac{1}{50} = 0.01\,\text{mm}$$

그러므로 측정할 수 있는 최소 눈금값은 0.01mm이다. 또한 측정 범위 0~25mm인 외측 마이크로미터의 각부 명칭은 그림 2.13에 나타낸 것과 같다.

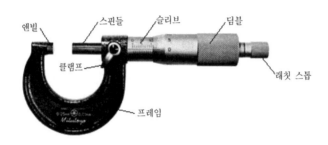

그림 2.13 외측 마이크로미터의 각부 명칭

2) 눈금을 읽는 방법

눈금을 읽는 방법은 먼저 슬리브의 눈금을 읽고 딤블의 눈금과 기선이 만나는 딤블의 눈금을 읽어 슬리브 읽음값에 더하면 된다.

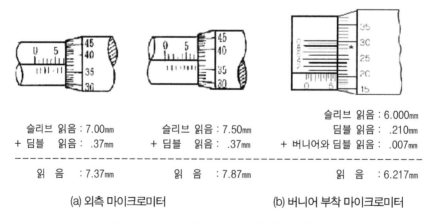

슬리브 읽음 : 7.00mm   슬리브 읽음 : 7.50mm   슬리브 읽음 : 6.000mm
+ 딤블 읽음 : .37mm   + 딤블 읽음 : .37mm   딤블 읽음 : .210mm
                                                                    + 버니어와 딤블 읽음 : .007mm

읽 음 : 7.37mm   읽 음 : 7.87mm   읽 음 : 6.217mm

(a) 외측 마이크로미터   (b) 버니어 부착 마이크로미터

그림 2.14 마이크로미터의 눈금 읽는 방법

그림 2.14(a)는 외측 마이크로미터의 눈금 읽는 방법을 나타낸 것으로 딤블의 1눈금

선의 간격은 0.01㎜이고 눈금선의 굵기는 0.002㎜이다. 또한 그림 2.14(b)는 버니어 마이크로미터로서 우선 슬리브의 눈금과 딤블의 눈금으로 0.01㎜까지 읽고 난 후 1/ 1,000㎜단위는 눈금이 없어 슬리브의 버니어 눈금과 딤블의 눈금이 일치되어 있는 곳을 읽으면 된다.

3) 마이크로미터의 종류

(1) 지시 마이크로미터(indicating micrometer)

그림 2.15는 지시 마이크로미터를 나타낸 것으로 마이크로미터 프레임의 부분에 인디케이터의 일부가 조합되어 있어 1/100㎜단위는 마이크로미터 헤드로 읽고 1/1,000㎜ 단위는 인디케이터에서 읽는다. 마이크로미터 용도 외에 인디케이터 지시 범위(±0.02 ㎜)내로 한계 게이지로도 사용할 수 있다.

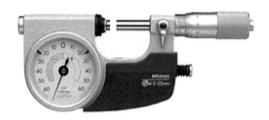

그림 2.15 지시 마이크로미터

(2) 기어 이두께 마이크로미터(gear tooth micrometer)

그림 2.16은 디스크형 기어 이두께 마이크로미터로서 평기어, 헬리컬기어 등의 걸치기 이 두께를 측정히는데 사용하며, 측정년은 원판으로 되어 있어 2개 이상 몇 개의 이를 물려 측정한다. 측정 범위는 25㎜단위로 300㎜까지 있으며 원판의 지름이 100㎜ (4″)까지는 ϕ20㎜로, 100㎜(4″) 이상은 ϕ30㎜로 되어 있다. 그리고 기어 피치의 측정 범위는 ϕ20㎜ 원판에서는 0.5~6모듈, ϕ30㎜ 원판에서는 0.7~11모듈을 측정할 수 있다. 또한 강구를 측정자로 하는 기어 이두께 마이크로미터도 있으며 용도는 기어의 피치, 피치원 지름의 이 두께를 측정하는데 사용한다.

그림 2.16 디스크형 기어 이두께 마이크로미터

(3) 포인트 마이크로미터(point micrometer)

그림 2.17과 같이 스핀들과 앤빌의 측정면이 뾰족한 마이크로미터로서 드릴의 웨브, 나사의 골지름, 곡면 형상의 두께를 측정하는데 사용한다.

측정 선단의 각도는 15°, 30°, 45°, 60° 등의 네 종류가 있으며 선단은 R0.3mm로 되어 있으며 측정 범위는 0~25mm와 25~50mm 등이 있다.

그림 2.17 포인트 마이크로미터

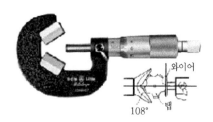

그림 2.18 V앤빌 마이크로미터

(4) V앤빌 마이크로미터

그림 2.18은 V앤빌 마이크로미터를 나타낸 것으로 홀수의 홈을 가진 탭이나 리머의 지름을 직접 측정할 수 있으며, 3개의 홈용으로 앤빌각도 60°와 5개의 홈용으로 앤빌각도 108°가 있다.

(5) 글루브 마이크로미터(groove micrometer)

그림 2.19는 글루브 마이크로미터를 나타낸 것으로, 홈의 폭이나 홈간 거리를 측정

하기에 편리한 마이크로미터이다.

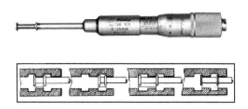

그림 2.19 글루브 마이크로미터

(6) 내측 마이크로미터

내측 마이크로미터는 홈의 나비 또는 안지름을 측정하는데 사용하는 측정기로서 캘리퍼형, 단체형, 삼점식 내측 마이크로미터 등이 있다.

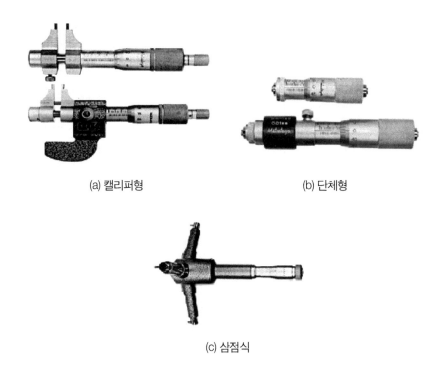

(a) 캘리퍼형   (b) 단체형

(c) 삼점식

그림 2.20 내측 마이크로미터의 종류

그림 2.20은 내측 마이크로미터의 종류를 나타낸 것으로, 캘리퍼형 내측 마이크로미터는 조의 이동에 의해 비교적 적은 안지름 또는 홈의 나비를 측정하는데 사용한다. 단체형 내측 마이크로미터는 아베의 원리에 적합한 측정기로서, 막대 모양으로 50～75mm부터 25mm 간격으로 1,000mm까지 있다.

삼점식 내측 마이크로미터는 본체에 직각으로 움직이는 3개의 측정자에 의해 구멍의 지름을 정확히 측정할 수 있다.

측정 범위는 6～12mm, 12～20mm, 20～50mm, 50～100mm, 100～200mm로 몇 개를 1세트로 하며, 측정치수에 따라 각각 0점 조정을 위해 링 게이지가 있다.

(7) 나사 마이크로미터

그림 2.21은 나사 마이크미터로 나사의 유효지름을 측정할 수 있는 것으로, 앤빌 교환식과 앤빌 고정식이 있다. 나사의 종류에 따라 여러 가지 앤빌을 사용할 수 있는 앤빌 교환식이 많이 사용되며, 또한 앤빌을 적당한 것으로 교환하면 나사 측정 이외에 다른 용도로 광범위하게 사용할 수 있다.

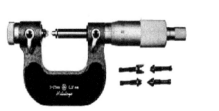

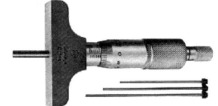

그림 2.21 나사 마이크로미터 　　　 **그림 2.22** 깊이 마이크로미터

(8) 깊이 마이크로미터

그림 2.22는 깊이 마이크로미터를 나타낸 것으로 피측정물의 깊이 측정에 사용되며 단체형과 25mm의 깊이 차를 가지는 로드를 교환하여 측정할 수 있는 로드 교환형이 있다. 단체형은 측정 범위가 0～25mm이고 로드 교환형은 측정 깊이에 따라 로드를 교환하면 측정 범위를 크게 할 수 있다.

(9) 하이트 마이크로미터(height micrometer)

일명 하이트 마스터(height master)라고도 하는 측정기로서 10mm의 게이지블록을 10 mm 또는 15mm씩 간격을 두고 조합하여 게이지블록을 마이크로미터의 나사에 연결시켜 이동시키고 마이크로미터의 딤블의 눈금을 읽으면 임의의 높이를 설정하거나 측정할 수 있다.

그림 2.23은 하이트 마이크로미터를 나타낸 것으로서 딤블의 눈금에 의해 높이를 0.001mm 까지 정확히 읽을 수 있으며, 본체의 측정범위 가 300mm이고 라이저 블록(riser block)이 150 mm, 300mm, 600mm 등이 있으므로 본체와 조합하 여 최대 길이 900mm까지 측정할 수 있다.

라이저 블록

그림 2.23 하이트 마이크로미터

(10) 한계 마이크로미터

그림 2.24는 한계 마이크로미터를 나타낸 것으로 위쪽에는 상한값을 세팅하고 아래 쪽에는 하한값을 세팅 후 클램핑하여 한계게이지로도 사용할 수 있다. 그러므로 동일 치수의 부품을 다량으로 측정하고자 할 때 매우 편리하고 적합한 측정기이다.

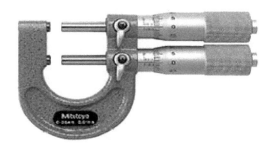

그림 2.24 한계 마이크로미터

4) 사용시 유의사항

(1) 0점 조정(zero setting)

마이크로미터의 0점 조정법은 사용 전에 반드시 양측정면을 깨끗하게 닦아내고 래칫 스톱(ratchet stop)을 돌려 양측정면을 접촉시켰을 때 슬리브의 기선에 딤블의 0점이 일치하는가를 확인해야 하며 만약 일치하지 않을 때의 대책은 다음과 같다.

① 오차가 ±0.01mm 이하일 때는 클램프로 스핀들을 고정시킨 후 슬리브 기선 뒤에 있는 구멍에 훅 렌치(hook wrench)를 끼워서 슬리브를 돌려 딤블의 0점과 슬리브의 기선을 일치시킨다.

② 오차가 ±0.01mm 이상일 때는 클램프로 스핀들을 고정시킨 후 래칫 스톱의 구멍에 훅 렌치를 끼워서 래칫 스톱을 분해한 후 딤블과 스핀들을 풀어서 분리시켜 자유로이 움직이도록 한 다음 스핀들을 끼우고 딤블의 0점을 슬리브기선에 일치시킨다. 그리고 래칫 스톱을 다시 훅 렌치로 죄어 딤블을 고정한다. 이 때 다시 앤빌과 스핀들을 이동시켰다가 접촉시켰을 때 0점이 일치하지 않을 경우에는 ① 번 같은 요령으로 0점을 맞춘다.

(2) 측정시 주의점

마이크로미터의 측정력은 피측정물의 양측정면을 접촉시킨 다음, 래칫 스톱을 1회전 반 또는 2회전 돌려 측정력을 가한다. 이것은 손가락으로 3~4회 따르륵 소리가 나도록 돌리는 것과 같다. 그러나 사용기간이 길면 측정력에 차이가 발생함으로 측정력을 일정하게 유지할 수 있는 정압장치가 내장된 프릭션 딤블(friction thimble)을 사용하면 좋다.

표 2.2는 마이크로미터의 성능을 나타낸 것이며, 이때 측정력을 일정하게 하려면 측정에 있어서 래칫 스톱을 천천히 이동시켜 측정해야 한다.

표 2.2 마이크로미터의 성능 (KS B 5202)

구 분	성 능
측정범위(0~500mm)	5~15N
측정력의 산포	3N
스핀들의 이송 오차	3μm

5) 마이크로미터의 검사 방법

(1) 측정면의 평면도

그림 2.25는 광선정반과 평행광선정반의 실물을 나타낸 것으로서 마이크로미터의 앤빌과 스핀들의 양측면에 광선정반(optical flat) 또는 평행광선정반(optical parallel)을 밀착시켜 백색광에 의한 적색 간접 무늬수에 의하여 평면도와 평행도를 측정한다.

(a) 광선정반   (b) 평행광선정반

그림 2.25 광선정반과 평행광선정반

광선정반은 직경의 크기에 따라 여러 종류가 있는데 마이크로미터 검사용으로는 직경과 두께가 $\phi 45mm \times 12mm$와 $\phi 60mm \times 15mm$가 일반적으로 사용된다. 평면도를 측정할 때에는 적색 간섭 무늬 1개를 반파장인 $0.32\mu m(\lambda = 0.64\mu m)$으로 계산한다.

(2) 측정면의 평행도

평행광선정반은 두께가 다른 4개가 1세트로 되어 있으며 두 측정면에 밀착시켜 마이크로미터의 규정된 측정력을 걸었을 때 백색광에 의한 적색 간섭 무늬수를 읽는다. 또한 측정길이 25mm 이상의 마이크로미터에서는 게이지블록과 평행광선정반을 조합하여 측정한다. 그림 2.26은 평면도와 평행도 측정을 나타낸 것이며, 또한 적색 간섭 무늬를 읽어 평행도는 다음 식에서 구할 수 있다.

$$평행도(\mu m) = n \times \frac{\lambda}{2}$$

n : 간섭무늬수
λ : 사용한 빛의 파장($0.64\mu m$)

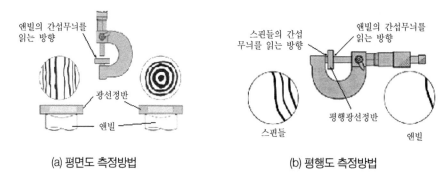

(a) 평면도 측정방법   (b) 평행도 측정방법

그림 2.26 평면도와 평행도의 측정 방법

표 2.3은 측정면의 평면도와 평행도를 나타낸 것이다.

위 그림 2.26(b)에서 간섭무늬의 모양에 의한 평행의 정도는 다음과 같다.

① 앤빌측은 간섭무늬 1개로서 대체적으로 평면이고 평행이다.

② 스핀들측은 적색 간섭무늬 3개로서 0.32×3=0.96μm임으로 다시 말해 0.96μm의 경사가 있다.

표 2.3 측정면의 평면도와 평행도

측정길이(mm)	평면도 간접무늬수	측정길이(mm)	평행도 간섭무늬수(mm)
300 미만	2개	75 이하	2(6개)
300 이상	3개	75를 초과 175 이하	3(9개)
		175를 초과 275 이하	4
		275를 초과 375 이하	5
		375를 초과 475 이하	6
		475를 초과 500 이하	7

위 사항에서 최대오차는 간섭무늬 4개인 1.28μm(0.32μm × 4 = 1.28μm)로서 표 2.3의 기준에 비교하여 평행도를 보면 간섭무늬 6개 즉 2μm에 미달됨으로 측정길이 75mm이하인 경우에 합격이다(앤빌측 1개, 스핀들측 3개).

(3) 종합 정밀도

그림 2.27과 같이 마이크로미터의 크기에 맞는 적당한 스탠드에 고정시킨 다음 먼저 0점을 정확히 맞춘다. 검사용 게이지블록을 측정면 사이에 끼우고 측정력을 가하여 마이크로미터의 읽음과 게이지블록 치수의 차를 구한다.

그림 2.27 마이크로미터의 종합 정밀도 시험

표 2.4는 외측 마이크로미터의 종합 정밀도를 나타낸 것이다.

표 2.4 외측 마이크로미터의 종합정밀도

최대 측정길이(mm)	종합오차(μm)
75 이하	±2
75를 초과 150 이하	±3
150을 초과 225 이하	±4
225를 초과 300 이하	±5
300을 초과 375 이하	±6
375를 초과 450 이하	±7
450을 초과 500 이하	±8

(4) 정기 검사

사용하는 기간에 따라서 일정하지 않지만 제품의 공차를 고려하여 정기검사를 실시해야 한다. 정기검사의 방법에는 검사원이 현장의 부서를 순회하면서 실시하는 순회방식과 측정기를 한 곳에 모아서 실시하는 집중방식이 있으므로 적절히 병행하여 실시하면 된다.

예제 3 외측 마이크로미터에서 스핀들 나사의 피치가 0.5㎜이고, 딤블을 100등분하였다면 최소 읽음값은?

풀 이 $C = \dfrac{S}{n} = \dfrac{0.5}{100} = 0.005 = 5\,\mu m$

예제 4 마이크로미터의 앤빌과 스핀들 양 측정면을 맞추었더니 슬리브의 기선에 0.02㎜의 눈금이 일치하였다. 이 마이크로미터로 측정하여 20.64㎜를 얻었다면 실체치수는?

풀 이 실체치수 $= 20.64 - 0.02 = 20.62$㎜

예제 5 평행광선정반으로 마이크로미터 앤빌과 스핀들을 검사하였더니 앤빌측에 1개, 스핀들측에 3개의 무늬가 나타났다. 평행도는?(단 사용한 단색광의 파장은 $0.64\,\mu m$이다.)

풀 이 평행도 $= n \times \dfrac{\lambda}{2} = (1+3) \times \dfrac{0.64}{2} = 1.28\,\mu m$

1.4 게이지블록(gauge block)

게이지블록은 길이의 기준으로 사용되고 있는 단도기로서 1897년 스웨덴의 요한슨(Johansson)에 의해 처음으로 제작되었으며, 측정면이 잘 가공되어 있으므로 이들의 각 면을 몇 개 조합하여 밀착(wringing)시켜 필요한 치수로 만들어 길이의 기준으로 한다. 보통 8개, 9개, 18개, 32개, 47개, 76개, 103개, 112개 등으로 하여 한 세트로 되어 있다.

1) 게이지블록의 종류

게이지블록의 형상은 직사각형의 단면을 가진 요한슨형(Johansson type), 중앙에 구멍이 뚫린 정사각형의 단면을 가진 호크형(Hoke type)과 원형으로 중앙에 구멍이 뚫린 캐리(Cary type)형 등이 있다.

일반적으로 요한슨형이 많이 사용되고 게이지블록의 재질은 고탄소크롬강, 마멸을 방지하기 위하여 초경합금, 크롬카바이드, 텅스텐카바이드, 용융수정제, 세라믹 등을 사용한다. 그림 2.28은 형상에 따른 게이지블록의 종류를 나타낸 것이며, 그림에서 ℓ 은 게이지블록의 호칭치수를 표시한 것이다.

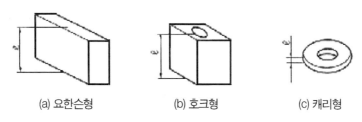

(a) 요한슨형   (b) 호크형   (c) 캐리형

그림 2.28 형상에 따른 게이지블록의 종류

2) 게이지블록의 치수

게이지블록의 치수란 변두리로부터 0.8㎜를 제외한 측정면 위에 어느 점에서 다른 측정면에 밀착시킨 동일 표면과 동일 재질의 정반에 내린 수선의 길이로써 정의한다.

그림 2.29는 호칭치수에 따른 요한슨형 게이지블록의 단면치수를 나타낸 것이다.

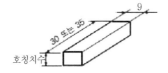

호칭치수	단면치수
10.1 이하	$30 \, ^{0}_{-0.3} \times 9 \, ^{-0.05}_{-0.2}$
10.1 초과	$35 \, ^{0}_{-0.3} \times 9 \, ^{-0.05}_{-0.2}$

그림 2.29 요한슨형 게이지블록의 단면치수

3) 게이지블록의 호칭 치수와 표준조합

게이지블록은 각종 용도에 알맞게 표준 치수의 것이 세트로 되어 있으며, 그 호칭치수와 표준조합은 표 2.5와 같다.

표 2.5 게이지블록의 호칭 치수와 표준조합

세트기호 ＼ 치수단계 (mm)	0.001	0.001	0.01	0.01	0.1	0.5	0.5	1	1	–	–	–	–	–	–	–	–	–	–	25	–	100	총개수
치수범위 (mm)	0.991~0.999	1.001~1.009	1.01~1.09	1.01~1.49	0.5~24.5	0.5~9.5	0.5~24.5	1~9	1~24	1.0005	1.005	10	20	25	30	40	50	60	75	100	125~200	250	300~500	개 수
S112[6]		9		49			49			1				1			1		1	1				112
S103				49			49				1			1			1		1	1				103
S76				49		19						1	1	1	1	1	1		1	1				76
S47			9		9				24		1			1			1		1	1				47
S32			9		9			9			1	1	1		1			1[7]						32
S18	9	9																						18
S9(+)		9																						9
S9(−)	9																							9
S8																					4	1	3	8

주 [6] : S112의 1.0005를 빼고 S111(111 개조)로 하여도 좋다.
　　[7] : 60mm 대신에 50mm로 하여도 좋다.
비고 : 상기의 세트(조합)에 보호 게이지블록(2개)를 추가한 것의 기호는 그 세트(조합) 기호의 끝에 P를 붙인다.

4) 게이지블록의 사용방법

(1) 선택방법

게이지블록의 선택방법은 몇 개를 밀착하여 사용하는 것으로, 이것에 의한 정도의 저하도 고려하여 목적의 치수보다 정도를 1등급 올려 선택하는 것이 좋다.

또한 게이지블록의 측정면은 최대높이 거칠기로 K급, 0급에서는 0.06μm, 1급, 2급에서는 0.08μm를 초과해서는 안 된다. 표 2.6은 게이지블록의 등급과 사용목적을 나타낸 것이다.

표 2.6 게이지블록의 등급과 사용목적   (KS B 5201)

등급		사용 목적
참조용	K급	표준용 게이지블록의 정도검사
표준용	0급	정밀학술 연구용
		검사용, 공작용 게이지블록의 정도 점검, 측정기류의 정도검사
검사용	1급	게이지의 정도검사
		기계부품 및 공구 등의 검사
공작용	2급	게이지의 제작
		측정기류의 정도 조정
		공구, 절삭공구의 장치

(2) 취급시 주의 사항
① 목재 테이블이나 천, 가죽 등의 위에서 사용한다.
② 먼지가 적은 장소나 건조한 실내에서 사용한다.
③ 측정면은 깨끗한 천이나 가죽으로 잘 닦는다.
④ 필요한 치수의 것만을 꺼내 쓰고 보관상자의 뚜껑을 덮어둔다.
⑤ 사용 후에는 녹이 슬지 않도록 에테르, 벤젠, 휘발유, 알콜 등으로 세척한 다음 잘 닦아 방청유를 칠해 보관한다.

(3) 치수의 조립
① 조합의 갯수를 최소로 한다.
② 필요한 치수를 선택할 때에는 맨 끝자리부터 고른다.
③ 소수점 아래 첫째자리 숫자가 5보다 큰 경우에는 5를 뺀 나머지 숫자부터 선택한다.

④ 숫자 조립의 예

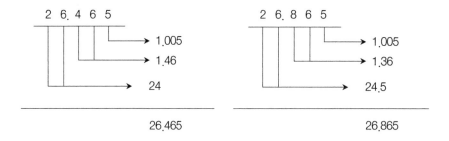

(4) 밀착 방법(wringing)

① 밀착하기 전에 방청유와 먼지를 깨끗이 닦아 낸다.

② 두꺼운 것끼리 밀착은 측정면의 중앙에서 서로 직교하도록 놓고 조금 문지른 후 2개의 게이지블록을 회전시키면서 일치시킨다.

③ 밀착 후 흡착력은 200~400N 정도이다.

④ 두꺼운 것과 얇은 것과의 밀착은 얇은 것을 두꺼운 것의 한쪽 끝에 대고 가볍게 누르면서 길이 방향으로 밀어서 밀착시킨다.

⑤ 얇은 것끼리의 밀착은 먼저 얇은 것 1개를 ④번 항과 같은 요령으로 밀착시키고 밀착된 얇은 것 위에 다시 밀착시킨 후 두꺼운 것을 분리시킨다.

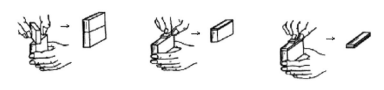

(a) 두꺼운 것의 조합   (b) 두꺼운 것과 얇은 것의 조합   (c) 얇은 것의 조합

그림 2.30 게이지블록의 밀착 방법

4) 부속품

게이지블록의 열팽창계수는 $(11.5\pm1.0)\times10^{-6}/℃$이고, 경도는 800 HV0.5 이상이어야 하며 다음과 같은 부속품을 사용함으로써 용도를 확대하여 사용할 수 있다. 그림

2.31은 게이지블록의 부속품을 나타낸 것이다.

① 둥근형 조 : 내측과 외측을 측정할 때 홀더에 끼워서 사용한다(2개 1조).

② 평행조 : 내측과 외측을 측정할 때 홀더에 끼워서 사용한다(2개 1조).

③ 스트레이트 에지(straight edge) : 측정하려는 면에 대고 반대쪽에서 새어 나오는 빛으로 틈새를 판단하여 면의 진직도, 평면도를 검사하는데 사용한다.

④ 센터 포인트(center point) : 원을 그릴 때 중심을 지지하며 끝이 60°로 되어 있어 나사산을 검사할 때 사용한다.

⑤ 베이스 블록(base block) : 금긋기 작업이나 높이 측정을 할 때 홀더와 함께 사용한다.

⑥ 스크라이버 포인트(scriber point) : 베이스 블록과 함께 홀더에 끼워 정밀 금긋기 작업을 할 때 사용한다.

⑦ 홀더(holder) : 게이지블록을 끼워서 내측과 외측을 측정할 때 사용하며 기타 부속품과 함께 사용된다.

(a) 둥근형조   (b) 평행조   (c) 스트레이트 에지

(e) 센터 포인트

(d) 베이스 블록   (f) 스크라이버 포인트   (g) 홀더

그림 2.31 게이지블록의 부속품

5) 정도 검사

게이지블록의 치수와 정도 검사는 지정된 등급의 치수가 정도 범위 내에 있는지를

검사하는 등급 검사와 치수를 측정하여 수치를 증명하기 위한 치수 검사가 있다. 공업 규격에서는 게이지블록의 비교 측정에 사용되는 표준 게이지블록 및 특히 지정된 경우 이외는 원칙적으로 등급 검사를 하게 되어 있다.

게이지블록의 치수 측정법에는 절대 측정법과 비교 측정법 두 가지가 있다. 절대 측정법은 직접 광파장을 기준으로 해서 측정하는 광파간섭측정법이 있고, 비교 측정법은 정도가 높은 비교 측정기를 사용하여 표준 게이지블록과 비교하는 측정을 말한다.

K급 게이지블록은 광파간섭측정법으로 0급, 1급, 2급 게이지블록은 원칙적으로 표준 게이지블록과의 비교 측정법으로 치수검사를 한다.

표 2.7은 등급에 따른 온도 및 정밀도를 나타낸 것이다.

표 2.7 등급에 따른 온도 및 정밀도

등급	측정실온도	정밀도(μm)
K	20℃±0.2℃	0.06 이하
0		
1	20℃±0.5℃	0.08 이하
2	20℃±1℃	

6) 치수의 안정도

게이지 블록은 1년 동안 길이의 최대 허용 변화는 표 2.8과 같으며 조직을 안정화시키기 위한 서브제로 열처리와 템퍼링 열처리를 하여 경년에 따른 치수 변화가 생기지 않도록 하여야 한다.

표 2.8 치수의 안정도 (KS B 5201)

등급	변화의 허용길이(μm/년)
K, 0	± $(0.02\mu m + 0.25 \times 10^{-6} \times l_n)$
1, 2	± $(0.05\mu m + 0.5 \times 10^{-6} \times l_n)$

l_n : mm 단위로 표시한 호칭치수

| 예제 6 | −50μm의 오차가 있는 게이지블록으로 세팅한 하이트게이지로 측정한 결과 30.25 mm를 얻었다면 실제값은? |

| 풀 이 | 실제값 = 30.25 − 0.050 = 30.20mm |

| 예제 7 | 게이지블록 103개조에서 가장 큰 치수와 가장 작은 치수는? |

| 풀 이 | 가장 큰 치수 : 100mm
가장 작은 치수 : 1.005mm |

1.5 측장기

측장기(length measuring machine)는 내부에 표준자와 기준편을 가지고 피측정물의 치수와 길이를 직접 구할 수 있는 길이 측정기로서 아베의 원리에 적합한 구조와 아베의 원리에 만족하지 않는 측장기도 있다. SIP 만능 측장기인 경우 표준자는 508mm이고, 좌측의 측미 현미경으로 0~500mm 길이 측정에 사용하며 500~1,016mm 길이는 우측의 측미 현미경을 사용하는 구조로 최소눈금 0.5μm까지 읽을 수 있다. 이외에 부속품 장치를 이용하여 내측 측정과 암나사의 유효지름을 측정할 수 있다.

그림 2.32는 스핀들식 횡형 측장기의 구조로서 측미 현미경, 측정 테이블, 측정 헤드, 베드, 심압대 등 다섯 부분으로 구성되어 있으며 그 배치에 따라 스핀들식과 캐리지식 두 가지로 나누어진다.

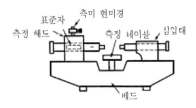

그림 2.32 스핀들식 횡형 측장기

② 비교 측정기

게이지블록과 표준게이지 등을 기준으로 하여 공작물의 치수를 비교 측정하기 위해 사용되는 측정기가 비교 측정기 또는 콤퍼레이터(comparator)라 한다.

표 2.9는 비교 측정기의 분류와 특징을 나타낸 것으로서 비교 측정기의 장점은 일반적으로 다음과 같다.

① 경량으로 소형이며 취급이 용이하다.

② 연속된 변위량의 측정이 가능하므로 측정범위가 넓다.

③ 눈금판에 나타난 지침의 변위량을 읽어 치수를 구한다.

표 2.9 비교 측정기의 분류와 특징

분류	변환 및 확대방식	적용예	특 징
기계식 비교 측정기	레버 기어 레버와 기어 비틀림 박편	미니미터 다이얼게이지 오르도테스트 미크로케이터	1) 운동 부분이 많으며 진동에 대하여 민감하고 마찰이 크다. 2) 뒤틈으로 정밀도가 저하될 수 있다. 3) 이동이 쉬우며 가격이 싸고 견고하여 다루기 쉽다.
광학식 비교 측정기	광학레버 기계레버와 광학레버 광파간섭	옵티미터 울트라 옵티미터 미크로룩스 간섭측미기	1) 측정범위가 넓고 정밀도가 좋다. 2) 가동 부분이 적고 관성이 작다. 3) 전원이 필요하다.
유체식 비교 측정기	기포관 유량	수준기 공기 마이크로미터	1) 측정 압력이 작고 측정물과 직접 접촉하지 않는다. 2) 원격 측정 및 동시 측정을 할 수 있다. 3) 조작이 간단하다. 4) 확대율이 크고 감도가 좋다.

분류	변환 및 확대방식	적용예	특 징
전기식 비교 측정기	저항 인덕턴스 용량	볼트미터 엘렉트로 리미트 전기 마이크로미터 전자관식 측미기	1) 원격 조작이 용이하고 자동제어 및 기록을 할 수 있다. 2) 확대율이 크고 다루기가 간단하여 편리하다. 3) 전원이 필요하며 지시가 안정될 때까지 시간이 걸린다. 4) 가격이 비싸다.

2.1 기계식 비교 측정기

기계식 비교 측정기는 다른 형식의 것에 비하여 염가인 동시에 견고하고 구조가 간단하여 외부에서 전기와 공기 등을 공급하지 않아도 된다. 그러나 비교적 운동부분이 많기 때문에 마찰이나 마모가 크고, 운동 부분의 뒤틈(back lash)으로 인하여 정밀도가 불량하며 기구의 관성 때문에 진동에 대하여 민감하다.

1) 지침 측미기(miro indicator)

지침 측미기는 최소 눈금 1㎛ 이하이고 지침의 회전이 1회전 이하인 것은 다이얼게이지와 구별하여 지침 측미기라고 불리운다. 이것은 고정도로 만들어진 비교 측정기로서 특히 고정도를 요구하는 경우나 검사실 등에서 사용된다.

그림 2.33은 지침 측미기로서 확대 기구에 따라 단일 레버식, 복 레버식, 레버 기어

그림 2.33 지침 측미기

식, 비틀림 박편식 등의 종류가 사용되고 있다. 그러나 지침 측미기는 비교적 고가이기 때문에 일반적이지는 못하고 지시 오차의 허용차는 ±1.0μm이다.

(1) 단일 레버식 지침 측미기

기구학적으로 가장 간단한 확대기구는 단일 레버를 사용하는 것인데 배율은 100배 또는 1,000배로 확대하는 경우에 지침이 되는 긴 쪽의 아암을 100mm 이상으로 하는 것은 곤란하기 때문에 짧은 아암으로 하기 위해 그 지점에 베어링, 피벗 베어링은 사용할 수 없고 이것을 해결하기 위하여 나이프 에지를 사용한 것이 미니미터(minimeter)이다.

그림 2.34는 미니미터의 원리를 나타낸 것이다.

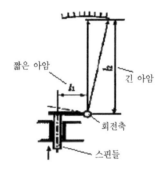

그림 2.34 미니미터의 원리

(2) 복 레버식 지침 측미기

피벗 베어링(pivot bearing)으로 받쳐진 레버를 2단으로 사용하여 큰 배율을 얻는 복 레버식 지침 측미기는 그림 2.35에 나타낸 것과 같으며, 그 원리는 10배 레버와 80배 레버의 2개 레버에 의해 800배의 확대를 행하는 것인데 최소 눈금은 1μm, 측정범위는 ±50μm, 측정력은 약 250g이다. 또한 배율이 300~5,000의 수직형 콤퍼레이터인 경우에 상하를 평행인 플레이트 스프링으로 받쳐진 측정 스핀들이 가진 나이프에지 접촉편은 십자 스프링 피벗으로부터의 간격을 조정할 수 있도록 되어 있다.

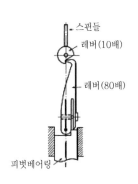

그림 2.35 복 레버식 지침 측미기

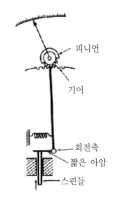

그림 2.36 오르도테스트의 원리

(3) 레버 기어식 지침 측미기

레버와 기어의 조합에 의하여 확대하는 기기로서 그림 2.36은 오르도테스트의 원리를 나타낸 것으로 현장용 정밀측정기로 사용되는 오르도테스트(orthotest)이다.

일반적으로 비교 측정용의 최소 눈금은 1㎛이고 지시 범위는 ±0.1㎜이며 확대율은 850배 또는 900배이다. 또한 이것과 같은 원리의 것에는 지시 측미기 FDT나 밀리메스(millimess) 등도 있다. 어느 것이든 정밀도는 ±1㎛이고 측정력은 200g이며 스핀들의 자유 행정은 5㎜이다.

(4) 비틀림 박편식 지침 측미기

비틀림 박편 기구에 순수 기계적 확대법을 이용한 콤퍼레이터로서 미크로케이터(mikrokator)가 있다. 비틀림 박편 기구를 이용한 그 원리는 직사각형 단면의 금속박편은 중앙에서 반대 방향으로 비틀려져 있고 중앙에 지침을 가지고 있다.

상하 2배의 분할 강판으로 지지되어 있으므로 이 측정 기구에는 외부 마찰 또는 베어링 틈새 등이 생기지 않으므로 후퇴 오차는 실제 0이 된다. 이 기기는 스템의 지름이 30㎜이고 최소 눈금 0.02㎛~5㎛, 측정 범위 ±1㎛~±200㎛의 것까지 제작되고 있으며 측정 밀도는 지침 진동의 ±1%~2.5%이다.

2) 다이얼게이지(dial gauge)

다이얼게이지는 기어장치로서 미소한 변위를 확대하여 그 움직임을 지침의 회전 변위로 변환시켜 눈금으로 읽을 수 있는 길이 측정기로서, 일반적으로 지침의 회전 범위가 1회전 이상으로서 지침 측미기와 구별하고 있다.

다이얼게이지는 단독으로 사용할 수 없어 기능 발휘를 위해 마그네틱 스탠드, 다이얼 스탠드 등에 부착하여 사용하며, 눈금의 원둘레를 100등분하여 1눈금이 0.01mm를 나타내는 것이 보통이지만 0.001mm를 나타낸 것도 있다.

다이얼게이지는 기준 게이지와 비교 측정하는 외에 일감 가공 또는 조립된 면의 측정, 회전축의 흔들림, 공작기계의 정도 검사, 기계 가공의 이동량 등을 확인하는데 사용된다.

(1) 다이얼게이지의 종류와 구조

① 보통형 다이얼게이지

그림 2.37은 다이얼게이지의 각부 명칭을 나타낸 것으로서, 작동 원리는 피측정물의 치수 변화에 따라 움직이는 스핀들의 직선 운동은 스핀들에 가공되어 있는 래크와 피니언에 의해 회전운동으로 바뀐다. 이 회전운동은 피니언과 같은 축에 고정된 제1기어에 의해 확대되어 이에 맞물린 지침 피니언에 의해 눈금판의 지침이 회전한다. 또한 제2기어와 같은 축에 고정되어 있는 헤어 스프링은 기어를 항상 동일 치면에 물려주어 백래시(back lash)를 제거하여 스핀들의 상하 운동 시 지시 오차를 없애주며 코일 스프링은 측정력을 주기 위한 것이다. 즉 다이얼게이지의 운동 전달 순서는 측정자 → 스핀들 → 피니언 → 제1기어 → 지침 피니언 → 지침으로 전달된다.

최소 눈금이 0.001mm 다이얼게이지의 외부 구조는 0.01mm 다이얼게이지와 동일하며 내부 구조는 맞물린 기어를 추가하여 확대율을 높인 구조이다. 최소 눈금이 0.01mm, 0.002mm 및 0.001mm이고, 측정 범위가 5mm, 10mm, 20mm, 30mm, 50mm, 100mm 등이 있다.

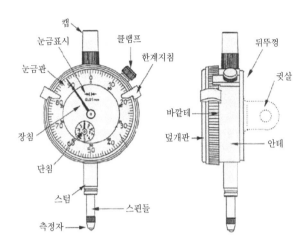

그림 2.37 다이얼게이지의 각부 명칭

② 레버식 다이얼게이지(test indicator)

그림 2.38과 같이 레버식 다이얼게이지의 종류는 세로형, 가로형, 수직형 등이
있다. 측정 원리는 측정자의 회전에 의해 그려지는 원호를 작은 범위의 각도에
서 직선 변위로 간주한 것이다. 그 작동 원리는 측정자의 회전 변위가 선형 기어
(sector gear)의 회전운동으로 변환되어 피니언과 동축의 크라운기어(crown gear)
를 지나 지침 피니언에 전달되어 지침에 의해 읽게 된다.

(a) 세로형   (b) 가로형   (c) 수직형

그림 2.38 레버식 다이얼게이지의 종류

그리고 측정자와 선형 기어는 일반적으로 마찰 결합되어 있어 지침의 지시에 관
계없이 90° 이상의 범위에서 임의의 위치에 고정(setting)시킬 수 있다. 또한 클

러치가 있는 것과 없는 것이 있어 클러치의 절환에 의해 측정 방향을 조정할 수 있다. 최소 눈금이 0.01mm인 것은 측정 범위가 0.5mm(0-25-0), 0.8mm(0-40-0), 1mm (0-50-0) 등으로 되어 있으며, 0.001mm인 것은 0.14mm(0-70-0), 0.002mm인 것은 0.2mm(0-100-0)와 0.4mm(0-100-0)로 되어 있다.

③ 백플런저형 다이얼게이지(back plunger type)

그림 2.39와 같이 스핀들이 눈금판의 뒷면에 수직으로 위치하여 스핀들의 상하 운동을 직각인 눈금판에 전달하여 지침을 회전시키는 구조이다.

최소 눈금이 0.01mm인 것은 측정범위가 1mm, 5mm로 되어 있으며, 0.02mm인 것은 측정범위가 2.6mm로 되어 있다.

그림 2.39 백플런저형 다이얼게이지

(2) 다이얼게이지의 응용

① 외경, 높이, 두께의 측정

그림 2.40(a)는 다이얼게이지를 스탠드에 고정시킨 게이지로서 측정범위 내에서 피측정물의 외경, 높이, 두께 등을 측정할 수 있다.

② 깊이의 측정

그림 2.40(b)는 다이얼 깊이게이지를 나타낸 것으로서 기준면으로부터 깊이를 측정할 수 있다.

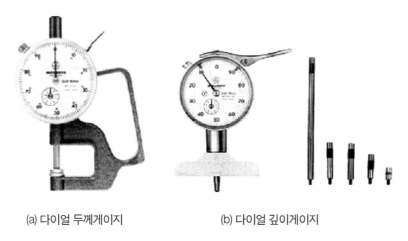

(a) 다이얼 두께게이지   (b) 다이얼 깊이게이지

그림 2.40 다이얼게이지의 응용의 예

③ 진원도의 측정

진원도의 측정법에는 지름법, 반지름법, 삼점법 등이 있다. 지름법은 스탠드에 다이얼게이지를 고정시켜 각각의 지름을 측정하여 지름의 최대값과 최소값의 차이로 진원도를 표시하고, 반지름법은 피측정물을 양센터 사이에 물려 놓고 다이얼게이지를 접촉시켜 피측정물을 회전시켰을 때 흔들림의 최대값과 최소값 차이로 표시하며 삼점법은 V블록 위에 피측정물을 올려놓고 정점에 다이얼게이지를 접촉시켜 피측정물을 회전시켰을 때 흔들림의 최대값과 최소값의 차이로 표시한다.

④ 안지름의 측정

실린더게이지, 스몰홀 게이지, 텔레스코핑 게이지 등은 안지름 및 내경 홈이나 폭 등을 측정하데 사용한다.

㉮ 캠식 실린더게이지(Cylinder Gauge, Bore Gauge)

그림 2.41(a)는 캠식 실린더게이지로 일명 실린더게이지라 부르며, 치수의 변화량은 측정자에 의하여 캠에 전달되고 캠에 의해 누름봉에 전달되어 다이얼게이지의 스핀들을 이동시켜 지침으로 표시된다. 측정방법은 원통 내에 넣어 축 방향의 최소 치수를 구하면 된다. 측정 범위는 18~35㎜, 35~60㎜, 50~100㎜, 100~160㎜, 160~250㎜, 250~400㎜ 등으로 되어 있다.

④ 스몰홀 게이지(small hole gauge)

그림 2.41(b)는 스몰홀 게이지로 일명 쐐기식 실린더게이지라 부르며 측정 범위는 3~13mm로 되어 있다.

㉳ 텔레스코핑 게이지(telescoping gauge)

그림 2.41(c)는 텔레스코핑게이지로서 안지름을 측정할 때 피측정물에 넣어 수직인 상태에서 크램프 너트를 고정시킨 후 마이크로미터 등으로 양측정면 사이의 거리를 측정하는 비교 측정기이다. 측정 범위는 8~150mm로 되어 있다.

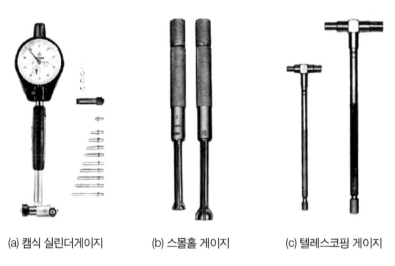

(a) 캠식 실린더게이지　　　(b) 스몰홀 게이지　　　(c) 텔레스코핑 게이지

그림 2.41 안지름 측정기의 종류

⑤ 흔들림의 측정

그림 2.42(a)와 같이 공작 기계 등의 스핀들의 흔들림을 측정하려면 스핀들에 테스트 바(test bar)를 끼워 임의의 두 지점인 A점과 B점에서 다이얼게이지의 지침 변위가 곧 흔들림량이 된다.

⑥ 구면 및 큰 지름의 측정

그림 2.42(b)와 같이 원통이나 구면의 지름을 직접 측정하지 않고 곡면의 일부의 높이를 측정하여 계산에 의해 곡률 반경을 구하는 방법이다. 곡률 반경을 구하는 식은 구면계의 기준평면의 읽음과 피측정물상의 읽음과의 차를 $BD = h$ 라

하고 측정자로부터 다리 끝까지의 길이를 r이라 하면 곡률 반경 R은 다음과 같이 구한다.

$$AD = CD = r$$
$$R^2 = \overline{OD^2} + \overline{AD^2} = (R-h)^2 + r^2$$
$$R = \frac{h^2 + r^2}{2h}$$

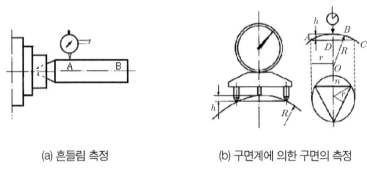

(a) 흔들림 측정　　　　　(b) 구면계에 의한 구면의 측정

그림 2.42　다이얼게이지 응용 예

⑦ 직각도 및 공구의 위치 결정

기준 직각자 또는 원통 스퀘어에 직각도 측정기를 접촉시켜 다이얼게이지의 0점을 맞춘 다음 피측정물을 접촉시켰을 때 임의의 두 지점에서 다이얼게이지의 읽음값을 a, b라고 하고 두 지점 사이의 거리를 L이라 하면 직각도=(a−b)/L로 표시된다.

공구의 위치 결정의 예로서 공작 기계의 이송 부분에 다이얼게이지 스핀들을 접촉한 후 미소량을 이동시켜 공구를 정확하게 움직이는데 사용하고, 또한 다이얼게이지 눈금으로 항상 일정한 치수까지 공구를 이송하여 치수 관리를 할 수 있어 주로 대량 생산에 적합하다.

예제 7　그림 2.42(b)에서 구면계의 기준평면에서 피측정물상의 높이의 차(h)가 3㎜이고, 측정자로부터 다리 끝까지의 길이(r)가 30㎜일 때 곡률반지름을 구하시오.

풀 이	$R = \dfrac{h^2 + r^2}{2h} = \dfrac{3^2 + 30^2}{2 \times 3} = \dfrac{909}{6} = 151.5\,\text{mm}$

(3) 사용시 유의사항

① 다이얼게이지는 사용 목적에 따라서 적당한 것을 선택해야 하며 비교 측정하는 경우가 많으므로 사용 방법을 배워 두어야 한다.

② 다이얼게이지는 스텐드에 고정하여 사용하므로 이 때 팔이 길면 측정력에 의해 휨이 생겨 오차가 발생됨으로 가능한 짧게 하여 사용한다.

③ 다이얼게이지는 측정자의 움직이는 방향과 측정하는 방향을 일치시켜야 오차를 줄일 수 있다.

④ 다이얼게이지 최소 측정력은 0.4N으로 하고 스핀들을 수직으로 올렸다가 내려 누르는 측정력 0.01mm 눈금에서는 1.5N, 0.002mm, 0.001mm 눈금에서는 2N을 초과하지 않도록 한다.

⑤ 스핀들 끝의 측정자는 일반적으로 구형으로 되어 있으나 필요에 따라 적당한 것을 선택하여 사용한다.

⑥ 테스트 인디케이터에 있어서 그림 2.43(a), (b)와 같이 지지하여 사용해야 하며 그림 (c)에서 측정자와 측정면이 이루는 각을 α, 다이얼게이지의 읽음을 s 라 할 때 측정자의 회전중심에서 측정면까지의 거리 d와의 관계는 $d = s \cos \alpha$ 로 되어 α의 각만큼 기울어지면 $\cos \alpha$ 만큼의 오차를 가져온다.

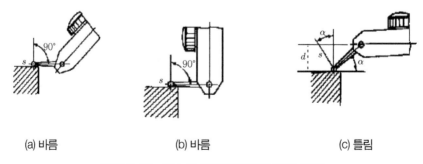

(a) 바름   (b) 바름   (c) 틀림

그림 2.43 테스트 인디케이터의 지지 방법

(4) 다이얼게이지의 교정

그림 2.44는 다이얼게이지의 검사기를 나타낸 것으로 일반적으로 마이크로미터 헤드를 이용한 다이얼게이지 전용 검사기가 사용된다. 표 2.10은 다이얼게이지 지시의 최대 허용오차를 나타낸 것이다.

그림 2.44 0.001mm 다이얼게이지 검사기

표 2.10 지시의 최대 허용 오차 (KS B 5206)

최소 눈금		0.01mm		0.002mm		0.001mm	
측정 범위		10mm 이하	2mm 이하	2mm 초과 10mm 이하	1mm 이하	1mm 초과 2mm 이하	2mm 초과 5mm 이하
되돌림 오차(μm)		5	3	4	3	3	4
반복 정밀도(μm)		5	0.5	1	0.5	0.5	1
지시 오차 (μm)	1/10회전[1]	8	4	5	2.5	4	5
	1/2회전	±9	±5	±6	±3	±5	±6
	1회전	±10	±6	±7	±4	±6	±7
	2회전	±15	±6	±8	±4	±6	±8
	전체 측정 범위	±15	±7	±12	±5	±7	±10

주 [1] : 인접 오차

비고 : 이 표의 수치는 온도 20℃에서의 것으로 한다.

다이얼 게이지에서 사용하는 오차의 용어 정의는 다음과 같다.

① 지시 오차 : 스핀들이 들어갈 때와 나올 때의 양 방향에 대하여 다이얼 게이지의 읽음값이 참값으로부터 어긋난 양의 값

② 되돌림 오차 : 스핀들이 들어갈 때와 나올 때의 동일 측정량에 대한 지시차의 최대차

③ 인접 오차 : 스핀들이 들어갈 때와 나올 때의 각각에 있어서 1/10회전마다 격리된 두 위치에서 생긴 인접오차 차이의 최대값

④ 반복 정밀도 : 측정 범위 안의 임의의 위치에서 반복하여 측정하였을 때의 지시값의 최대차

⑤ 지시의 최대 허용 오차 : 허용된 지시 오차의 한계값

2.2 광학식 비교 측정기

측정 스핀들의 변위를 광학적으로 확대하여 지시하는 비교 측정기로서 광학레버식과 광파간섭식이 있다. 광학레버식에는 옵티미터, 트리미터, 울트라 옵티미터, 프로젝트 미터 등이 있고 광파간섭식에는 간섭 현미경이 있으며 특징으로는 대부분 운동 부분이 적고 측정범위가 넓으며 정밀도가 높아서 검사실이나 측정실용으로 많이 사용되고 있다.

1) 옵티미터(optimeter)

광학레버를 이용한 비교측정기는 1919년에 C. Zeiss Jena사에 의해 제품화되어 옵티미터라고 이름이 붙여졌다. 옵티미터는 광학레버를 사용한 비교측정기로 측정자의 미세한 움직임을 광학적으로 확대한 것이다.

그림 2.45는 옵티미터의 원리를 나타낸 것으로 최근의 제품에서는 800배로 확대되는 옵티미터가 있으며, 최소눈금은 1μm이고 측정길이를 Lmm라 할 때 측정 오차는 $\pm(0.5+\dfrac{L}{100})$μm로 되어 있다.

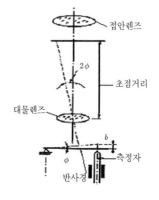

그림 2.45 옵티미터의 원리

2) 울트라 옵티미터(ultra-optimeter)

C. Zeiss Jena사의 제품으로서 측정기의 정도를 높게 하기 위해서 반사경으로 2회 반사시키는 구조로 하면 더욱 높은 정밀도를 얻을 수 있다. 원리는 눈금판은 콜리미터 대물렌즈에 의해 상이 모이게 되고 그 광속은 반사경를 거쳐 180° 방향을 바꾸는 직각프리즘으로 반사된다. 이 반사경은 처음과는 평행으로 또한 반대방향으로 나아가 재차 반사경 대물렌즈에 유도되어 그 초점면에 눈금판의 실상을 맺는다. 이 때 고정지표에 대한 눈금선이 이동되어 접안렌즈에 의해 읽는다.

울트라 옵티미터의 최소 눈금은 0.2µm, 측정 범위는 ±0.083mm로 되어 있으며 게이지블록의 측정용으로 사용된다.

같은 회사 제품으로 프로젝션 옵티미터(projections optimeter)는 최소 눈금이 0.2µm이고 울트라 옵티미터를 투영식으로 한 것이며, Leitz사의 울트라 프로젝터미터도 이와 같은 측정기이다.

3) 광파간섭식 비교 측정기

간섭무늬를 이용할 때는 파장의 수십분의 1정도의 0.01µm 차를 볼 수가 있으므로 이 때 빛의 파동현상은 그 진행 방향에 직각인 정현파라고 가정하고 2개의 성분파가 합성될 때 산과 산이 겹쳐 진폭이 증가하는 경우와 또는 산과 골이 서로 상쇄되어 진폭이 감소되어 0이 되는 경우가 있다.

빛의 파장을 λ라 하면 위상차가 $(2n+1)\lambda/2$일 때는 어둡고 위상차가 $2n(\lambda/2)=n\lambda$일 때는 밝아짐으로 이와 같은 현상을 광파의 간섭이라 한다. 그림 2.46은 광파간섭에 의한 측정을 나타낸 것으로 옵티컬패러렐의 아래면 A, B와 옵티컬 플렛의 윗면 A, C와의 사이에 작은 각도 ϕ의 쐐기모양의 공기층을 형성시킨다. 이것을 관찰하면 A, B면에서 반사한 빛과 A, C면에서

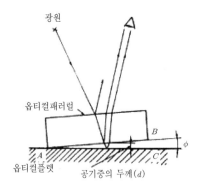

그림 2.46 광파간섭에 의한 측정

반사한 빛과의 간섭에 의하여 간섭무늬가 생긴다. 따라서 두 반사광 사이에는 위상차 g는 $2d + \lambda/2$이다.

$$g = 2d + \lambda/2 = (2n+1)\lambda/2$$

즉, $d = 2n(\lambda/4)$일 때는 어둡다.

$$g = 2d + \lambda/2 = n\lambda$$

즉, $d = (2n-1)\lambda/4$일 때는 밝다.

그러므로 공기층의 두께$(d) = 2n(\lambda/4)$가 되는 위치에 암선이 반복되어 간섭무늬로 되어 보인다.

4) 기계-광학식 비교 측정기

기계식 확대기구에는 기계식 레버, 에덴(eden) 스프링, 비틀림 박편 등을 사용하고 광학식 확대기구에는 광학레버가 사용된다.

기계레버와 광학레버의 조합에 의해 유리판 위에서 가는 선과 상의 움직임으로 비교 측정하는 측정기는 미크로럭스(mikrolux)가 있으며 배율은 기계 지렛대로 10배, 빛 지렛대로 100배 확대가 되므로 전체로는 1,000배이고 최소 눈금은 1㎛이며 눈금 지시 범위는 ±75㎛이다.

밀리온스 비교 측정기(millionth comparator)는 평행판 스프링식 확대기구와 광학계에 의해 350배와 50배로 확대하여 18,000배의 배율을 얻어 50㎜까지 게이지블록의 비교에 사용된다.

그리고 같은 원리의 비주얼 게이지(visual gauge)는 최저 500배로부터 최고 20,000배의 배율을 나타낼 수 있다.

2.3 유체 및 공기식 비교 측정기

1) 유체식 비교 측정기

유체의 저항 변화를 유용하게 이용한 방식인 유체식 비교 측정기는 큰 단면을 가진 액주의 움직임이 작은 단면인 액주의 움직임으로 바뀌어지는 것으로, 0.1㎛까지의 측정에 사용되어진 가장 오래된 형식의 비교 측정기이다.

그림 2.47은 유체식 비교 측정기의 원리를 나타 낸 것으로, 예를 들면 실린더 및 관의 단면을 원형이라 하고 직경비 $D/d = 100$이라 하면 이 때 확대율은 10,000배로 된다.

실제로 사용하는 경우에는 피스톤의 움직임을 원활하게 하고 더욱 완전하게 액밀로 하기 위하여 피스톤 대신 탄성막을 사용하고 유체로는 약간 착색한 증류수를 사용하여 알아보기 쉽게 한다.

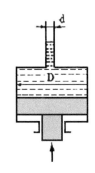

그림 2.47 유체식 비교측정기 원리

탄성막을 사용한 것을 메스도제(mesdose)라 하며 이것은 수평의 측정 스핀들이 있는 것으로 오래 전부터 측장기의 인디케이터로 사용되어 왔으며, 연직의 스탠드에 달린 독립한 비교 측정기로는 프레스토미터(prestometer), 톨러리미터(tolerimeter) 등이 있다.

유체는 열팽창계수가 크므로 절연과 온도에 따른 오차 등을 보완해야 하는 단점도 있지만 확대율은 보통 1,000배 정도이고 최근의 것은 2,250배인 것도 있다.

2) 공기식 비교 측정기

측정 원리는 단위 시간 내에 회로를 흐르는 공기량이 제일 좁은 유출 단면적에 의해 현저하게 영향을 미치게 된다는 현상에 바탕을 두고 만든 비교 측정기로서, 그림 2.48과 같이 정반 위에 물체를 놓고 그 위에 작은 간격을 띄우고 노즐을 세팅한 경우를 생각하면 피측정물의 높이가 높은 경우는 틈새가 작을 것이고 낮은 것은 틈새가 클 것이다. 따라서 피측정물의 높이에 따라 틈새의 거리가 변하게 됨으로 이것이 공기

유량 변화의 원인이 된다. 이러한 기본 원리를 이용한 공기식 비교 측정기의 종류에는
유량형, 배압형, 진공형, 유속형 등이 있으나 최근에는 유량형과 배압형이 주로 많이
사용된다.

(a) 측정물 높이가 높을 때   (b) 측정물 높이가 낮을 때

그림 2.48 피측정물의 높이에 따른 공기량 관계

(1) 배압형 공기 마이크로미터

그림 2.49(a)는 배압형 공기 마이크로미터의 기본회로를 나타낸 것으로 공기압력조
정기(regulator)에 의해 일정 압력 P_c의 공기는 가변 조리개(orifice)를 통과하여 노즐
로부터 대기중에 방출되고, 이때 조리개와 노즐사이의 부분을 배압실이라 말하며 이
부분의 압력 P_x를 배압이라고 말한다.

그림 2.49(b)는 배압특성을 나타낸 것으로 틈새와 배압의 관계를 살펴보면 노즐과
피측정물의 틈새 h가 변화하면 배압 P_x가 변화한다. 배압특성 곡선에서 A에서부터 B
까지는 일정한 값인 거의 직선이므로 이 부분이 공기 마이크로미터에 응용된다.

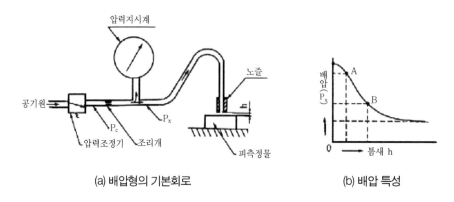

(a) 배압형의 기본회로   (b) 배압 특성

그림 2.49 배압형 공기마이크로미터

(2) 유량형 공기 마이크로미터

그림 2.50(a)는 유량형의 기본회로를 나타낸 것으로서 일정한 압력의 공기가 경사진 관내를 상하로 움직이는 지시용의 플로트(float)가 떠있는 유량계 속을 지나서 노즐(nozzle)로 분출하게 된다.

노즐의 지름은 표준으로 2mm의 것이 많이 사용되며 일정 압력의 공기가 구멍으로부터 대기중으로 빠져나가는 경우 그 유출량 Q(cc/sec)는 구멍의 면적에 비례한다.

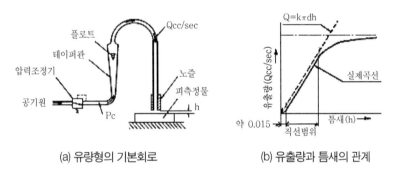

(a) 유량형의 기본회로   (b) 유출량과 틈새의 관계

그림 2.50 유량형 공기마이크로미터

① 유출량과 틈새의 관계

그림 2.50(b)는 유출량과 틈새의 관계를 나타낸 것으로 설명하면 다음과 같다.

㉠ 틈새 h가 0~0.015mm의 범위에서는 공기가 거의 흐르지 않는다.

㉡ 틈새 h가 0.015~0.2mm의 범위에서는 틈새와 유량은 비례한다. (직선구간)

㉢ 틈새 h가 0.2mm를 넘으면 단면적($\pi d^2/4$)과 원통의 표면적(πdh)이 가까워져 비례하지 않으므로 공기마이크로미터로 사용하는 범위는 0.015~0.2mm 사이의 범위로 한다.

따라서 공기마이크로미터는 측정 범위가 작으므로 게이지블록 등과 같은 기준 게이지를 사용하여 비교 측정하여 피측정물의 치수를 측정할 수 있다.

② 영점조정과 배율조정

0점 조정 밸브를 열면 유량계의 유량은 증가해서 플로트는 올라가며 결국 플로트 주위의 틈새가 변화하면서 플로트의 위치를 조정할 수 있다. 또한 배율조정

밸브를 열면 전체의 흐름은 유량계를 통하는 것과 배율 밸브를 통하는 두 개의 길로 나누어져 유량계의 감도는 낮아진다. 그러므로 배율의 조정이 가능해지고 다음 식과 같이 배율을 구할 수 있다.

$$배율 = \frac{플로트의 \ 이동거리(㎜)}{피측정물의 \ 치수차(㎜)}$$

(3) 공기 마이크로미터의 장점과 단점

① 장점

  ㉮ 측정 정밀도가 ±0.5㎛ 이하이다.

  ㉯ 접촉 측정자를 사용하지 않을 때는 측정력은 거의 0에 가까워 0.05~0.15N (5~15g) 정도이다.

  ㉰ 배율이 1,000배에서 40,000배까지 가능하다.

  ㉱ 측정에 있어서 피측정물에 부착되어 있는 기름이나 먼지를 공기로 불어 냄으로 정확한 측정이 가능하다.

  ㉲ 특히 내경 측정이 용이하다.

  ㉳ 한계게이지와 다르게 치수가 지시됨으로 한 번의 측정 동작이면 된다.

  ㉴ 확대기구에 기계적 요소가 없으므로 항상 고정도를 유지할 수 있다.

  ㉵ 고장이 거의 없어 현장용으로 적당하다.

  ㉶ 진원도, 테이퍼, 편심, 타원, 평행도, 진직도, 직각도, 중심거리 등은 많은 숙련과 시간이 많이 걸리던 측정을 간단히 할 수 있다.

  ㉷ 측정부가 작은 노즐로 구성되어 있기 때문에 한 개의 피측정물의 여러 곳을 한 번에 측정할 수 있고 또한 다원 측정이 가능하다.

② 단점

  ㉮ 측정에 있어서 응답시간이 늦다.

  ㉯ 대부분의 경우 전용 측정부를 만들어야 하기 때문에 대량생산이 아니면 비용이 많이 든다.

  ㉰ 지시범위가 0.2㎜ 한계로 되어 있어 그 이상의 공차 측정은 어렵다.

㉣ 비교 측정기이기 때문에 큰 범위와 작은 범위의 2개의 마스터가 필요하다.

㉤ 피측정물의 표면이 거칠면 그 표면의 골짜기까지 공기가 흐르기 때문에 측정 값을 보정할 필요가 있다.

㉥ 압축공기원(에어 컴프레서)이 필요하다.

㉦ 컴프레서를 사용할 때 필터 등으로 압축공기 중의 기름, 수분, 먼지 등을 제 거해야 한다.

㉧ 디지털 표시가 어려우나 공기압 신호를 전압 신호로 바꾸면 가능하다.

(4) 공기 마이크로미터를 사용한 측정

그림 2.51은 공기 마이크로미터의 각종 측정부를 다양하게 나타낸 것으로 그림에서 (a)는 피측정물의 높이를 측정하는 것으로 제일 간단한 측정이지만, 공기 마이크로미 터를 써서 가장 효과가 큰 것은 내경을 측정하는 것이다.

그림 (b)는 내경을 측정하기 위한 측정부로 단면도는 피측정물의 치수보다 조금 작은 가이드(guide) 직경을 가지고, 또한 그것보다 10~15㎛정도 작은 치수로 노즐면이 있고 이 노즐 틈새의 양은 공기 점성의 영향을 피하기 위한 것이다.

그림 (c)는 외경 측정을 하기 위한 측정부로서 0점 조정, 배율 조정용의 마스터를 필요로 하며 그림과 같은 스냅게이지형의 것 외에 링게이지와 같은 형태도 사용되고 있다.

(a) 높이 측정부

(b) 내경 측정부

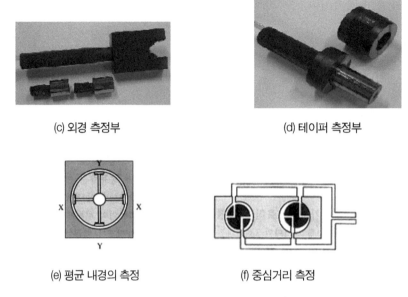

(c) 외경 측정부　　　　　　　　　　　(d) 테이퍼 측정부

(e) 평균 내경의 측정　　　　　　　(f) 중심거리 측정

그림 2.51 공기 마이크로미터의 측정부

그림 (d)는 테이퍼 구멍의 측정부로 마스터를 기준 테이퍼로 할 때 2개소의 지시를 같게 놓고 피측정물을 측정할 때, 두 개의 지시의 차가 기준 테이퍼로부터의 거리를 표시하게 된다.

그림 (e)는 내경용의 측정부에 네 방향에서 공기가 분출하는 형식으로 이것은 X, X 방향의 직경과 Y, Y방향의 직경의 합을 지시하는 것 같지만 배율이 반으로 떨어져서 결국은 평균값을 지시한다.

그림 (f)는 구멍의 중심거리를 측정하기 위한 것으로 회로 지시의 차가 기준에서 편측을 나타낸 것으로, 구멍 직경의 대소는 두 개의 지시가 같이 올라가거나 내려가는 것만으로 그 차에 영향은 없다.

그밖의 측정으로서는 진원도 측정, 직각도 측정, 평행도 측정, 다연식 동시측정 등을 할 수 있다.

3) 전기식 비교 측정기

측정자의 기계적 변위를 전기량으로 변환하여 지시계에 나타내는 정밀측정기로서

0.01㎛ 정도의 미소 변위까지 측정하는 것도 있다.

측정에 있어서 길이에 따라 기계적으로 접촉하는 측정 헤드에 의하여 전기량으로 바뀌어지는 방식은 저항형, 용량형, 유도형 등으로 분류할 수 있으나 회로구성에 따른 전기 마이크로미터의 종류에는 차동변압기(differential transformer)식, 인덕턴스(inductance)식, 캐퍼시턴스(capacitance)식, 스트레인 게이지(strain gauge)식, 포텐셔미터(potentiometer)식 등이 있으며 이중 가장 많이 사용하는 전기 마이크로미터는 차동변압기식이다.

(1) 전기 마이크로미터

전기 마이크로미터의 기본 원리는 물건의 치수를 측정하기 위해 다이얼게이지와 같이 스핀들을 가진 검출기를 스탠드에 부착하여 피측정물에 접촉시켜 측정한다.

그림 2.52와 같이 측정물의 높이에 따라 측정자가 위아래로 움직이므로 이 때 검출기의 측정자의 움직임에 따라서 전압 등이 변화하여 이 전기 신호를 라디오나 텔레비전과 같은 증폭기에 넣어 증폭하여 전류계를 움직여 그 곳에 치수 눈금을 새겨 놓으면 지침의 읽음이 곧 피측정물과 기준 길이와의 치수차이며 이것이 전기 마이크로미터의 원리이다.

그림 2.52 전기 마이크로미터를 이용한 높이 측정

또한 디지틀량으로 변환이 가능하며 치수가 합격인가 불합격인가 등의 신호도 간단

히 얻을 수 있어서 자동측정에 널리 사용되고 있다.

그림 2.53은 전기 마이크로미터의 주요부의 명칭을 나타낸 것으로 검출기에는 지렛대(lever)식과 플런저(plunger)식이 있으며, 그림 (b)는 지렛대식 검출기로서 지렛대의 지점은 판스프링으로 되어 있기 때문에 마찰하는 부분이 없는 것으로 정밀 측정에 있어서 가장 적당하다. 또한 지렛대식과 플런저식 게이지 헤드는 높은 감도로 제작되어 직경, 높이, 두께, 단차 등의 각종 측정에 사용된다.

(a) 지시계 　　　　　　　 (b) 지렛대식 검출기 　　　　　　　 (c) 플런저식 검출기

그림 2.53 전기 마이크로미터의 주요부의 명칭

(2) 전기 마이크로미터의 장점과 단점

① 장점

　㉮ 배율이 높다(지시범위 ±0.5㎛, 최소눈금 0.01㎛).

　㉯ 자동 측정으로도 결점이 없으며 릴레이 신호의 발생이 쉽다.

　㉰ 공기 마이크로미터와 달리 긴 변위의 측정도 가능하다.

　㉱ 기계적 확대기구를 사용하지 않았기 때문에 검출기 측정자의 움직임이 원활하여 상승과 하강에 따른 오차가 적다.

　㉲ 연산 측정이 간단하다.

　㉳ 공기 마이크로미터에 비해 응답속도가 빠르고 지침의 응답은 0.3초이지만 전기 회로 중에는 더욱 빠르므로 고속 측정에 적당하다.

　㉴ 원격 측정이 가능하다.

　㉵ 디지털 표시가 용이하다.

② 단점

　㉮ 주변에 큰 전력을 소비하거나 전기 소음을 발생하는 장치 등이 있으면 측정

치에 영향을 주게 된다.

㉯ 공기식 측정부에 비하면 전기식 측정부는 약하며 가격이 비싸다.

㉰ 고장 발생시 기계식 측정기나 공기식의 것과 달리 고장 원인 발견이 어렵다.

㉱ 특수한 것은 무접촉 측정도 가능하지만 일반적인 것은 접촉식이기 때문에 부드러운 것의 측정에는 좋지 않다.

(3) 전기 마이크로미터를 사용한 측정

그림 2.54는 전기 마이크로미터를 사용하여 측정하는 방법을 나타낸 것으로 그림 (a), (b)는 외경, 두께 및 내경를 측정할 때는 스탠드를 이용하여 그 위에 피측정물을 놓고 측정한다.

그림 (c)는 편심 측정으로 원통형 외경부가 센터 구멍에 대해서 얼마만큼 흔들린다는 것은 양 센터로 지지해서 검출기의 측정자를 외주에 접촉하여 회전시키므로 그 진폭을 측정할 수도 있으며, 2개소의 외경의 상호 편심을 알려고 하면 그림과 같이 검출기 2개를 각각의 외주에 접촉시켜 측정치의 차의 연산을 지침의 진폭에 의해 간단히 구할 수가 있다.

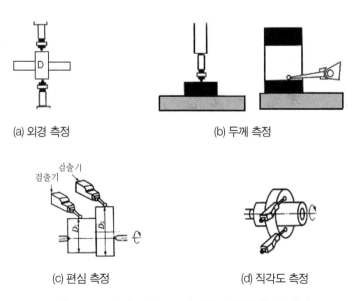

(a) 외경 측정   (b) 두께 측정

(c) 편심 측정   (d) 직각도 측정

그림 2.54 전기 마이크로미터를 사용한 측정 방법

그림 (d)는 직각도 측정으로 그림과 같게 하지 않고 검출기 한 개로도 직각도를 측정할 수 있지만 두 개를 사용하면 회전시에 피측정물 지지구의 스러스트(thrust) 방향의 움직임이 상쇄된다. 또한 검출기를 피측정물의 긴 원통에 접촉시켜 좌우로 이동하면 원통도 측정할 수 있다.

③ 디지털 계측기

측정하고자 하는 어떤 양을 검출하여 전기적인 양으로 변환하여 디지털 방식으로 표시하고 정보로서 활용하는 것은 오늘날 보편화되고 있다.

마이크로프로세서(microprocessor)가 출현하기 이전에는 주로 일반적으로 아날로그(analog)계측기가 주종을 이루어 왔으나, 1970년대 후반부터는 마이크로프로세서를 내장하거나 컴퓨터를 이용한 디지털(digital)계측기와 계장 시스템이 공업 계기 분야에서 점차 디지털 계측기로 대체되고 있으며, 디지털 계측기의 장점은 다음과 같다.

① 개인차에 따른 측정 오차가 제거된다.
② 측정치의 자리수를 많이 할 때 정보의 정밀도가 높다.
③ 기록과 읽는데 숙련을 요하지 않고 측정하는 시간이 단축된다.
④ 정보의 전송이나 연산에 오차가 생기지 않는다.
⑤ 측정치를 전자계산기에 입력할 수 있는 연산처리에 적합하다.

3.1 엔코더(encoder)

엔코더란 회전각이나 직선변위를 부호(code)판이나 격자 눈금판, 기타 주기적 표선을 써서 디지털화하는 장치를 말하며 엔코더를 분류하면 다음과 같다.

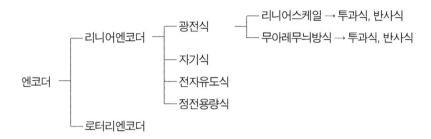

1) 광전식 리니어엔코더의 원리

(1) 광학격자 방식

광학격자 방식은 주스케일, 발광 다이오드, 포토트렌지스터(phototransistor), 인덱스 스케일 등으로 구성되어 있으며 스케일과 인덱스 스케일은 일정한 간격을 유지하면서 상대운동을 한다. 인덱스 스케일은 4개 혹은 2개의 평행격자를 갖고 이동방향의 판정 및 분할을 할 때 90°(1/4피치) 위상변화의 작용과 스케일은 빛을 투과시키는 부분과 투과하지 못하는 부분이 똑같은 폭, 피치로 평행격자를 형성하고 있다.

(2) 무아레무늬 방식

그림 2.55는 무아레무늬 방식의 원리 나타낸 것으로 피치의 격자를 약간 엇갈림으로써 명암이 있는 무늬로 인덱스 스케일을 좌우로 이동시키면 무아레무늬는 이동 방향에 의해서 위 또는 아래로 따라 움직인다.

격자의 피치를 $P\,\mathrm{mm}$, 격자간의 경사각을 $\theta\,\mathrm{rad}$, 무아레무늬의 피치 $W\,\mathrm{mm}$는 다음과 같다.

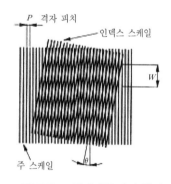

그림 2.55 무아레무늬의 원리

$$W = \frac{P}{\theta}$$

무아레무늬의 특징은 격자의 선이 눈으로 볼 수 없을 정도로 가늘어도 무아레무늬는 굵고 선명해진다.

그림 2.56은 무아레무늬에 의한 회전각 측정을 나타낸 것으로서 원판형 회절발에 의한 무아레무늬를 응용함으로써 원판의 회전량에 비례하여 발생하는 펄스 신호를 연산하여 회전 각도를 디지털방식으로 측정할 수 있기에 공작기계의 위치 제어에 응용된다.

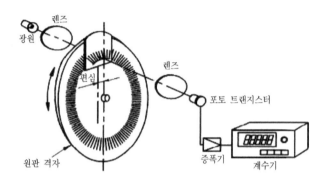

그림 2.56 무아레무늬에 의한 회전각 측정

| **예제 8** | 격자의 피치가 0.03㎜, 격자간의 경사각이 1′라 할 때 무아레무늬 피치는? |

| **풀 이** | $\theta = 1' ≒ 0.0003(\text{rad})$ |

$$W = \frac{P}{\theta} = \frac{0.03}{0.0003} = 100\text{㎜}$$

2) 로터리엔코더의 원리

로터리엔코더는 회전원판의 격자 또는 부호를 광학적으로 읽어서 디지털로 변환하여 회전각도를 측정하는 원리로서, 광전식 디지털 측정기로 광전식 리니어스케일과 같은 원리이다.

그림 2.57은 로터리엔코더의 원리를 나타낸 것으로 광원으로부터 빛은 콜리메이터(collimator) 렌즈에서 평행광속으로 되어 회전축과 함께 슬릿 원판이 각변위를 일으킬 때 슬릿 1피치마다 평행소자는 1회의 명암변화를 수광하여 정현파 모양의 출력전압으로 됨으로써 이것을 펄스화하여 그 수를 계수하면 회전각도의 디지털 측정이 된다.

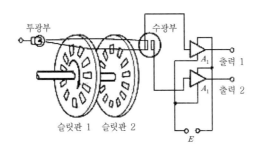

그림 2.57 로터리엔코더의 원리

3.2 디지털 측정기기

디지털 측정기기의 주된 기능은 다음과 같다.

① 원점의 설정(origin) : 측정 개시할 때 원점을 설정하는 기능으로서 수치로서는 0.000을 세트할 수 있는 기능이다.

② 제로세트(zero set) : 측정 범위 가운데 임의의 위치에서 수치를 0.000으로 세트할 수 있는 기능으로서 단차 측정, 비교 측정 등에 사용한다.

③ 프리세트(preset) : 원점을 설정할 때 임의의 숫자를 세트할 수 있는 기능이다.

④ 방향의 전환 : 측정자의 이동 방향과 계수대 방향을 역으로 하여 사용할 수도 있고 그 방향을 전환하는 기능이다.

⑤ 홀드(hold) : 측정한 표시값을 일시적으로 정지시켜 읽을 수 있는 기능이다.

⑥ 적부 판정 : 피측정물의 공차의 상한값과 하한값을 설정하여 두면 측정할 때마다 합격인지 불합격인지를 표시하여 알리기도 하며 판별의 신호를 출력하는 기능이다.

1) 디지털 캘리퍼스

디지털 캘리퍼스는 새로운 방식의 정전용량 검출기를 이용하고 기존의 버니어 캘리퍼스에서 대개 크기와 질량은 변하지 않고 디지털화되어 있어 사용이 쉽다.

그림 2.58은 디지털 캘리퍼스를 나타낸 것이며, 그 종류에는 보급형의 S형과 출력부의 M형이 있으며 S형에는 측정 범위가 150㎜, 200㎜의 2종이 M형은 300㎜를 추가한 3종이 있고 그 특징은 다음과 같다.

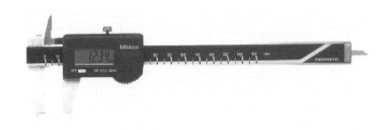

그림 2.58 디지털 캘리퍼스

① 선명한 액정표시기(LCD)에 표시되기 때문에 읽기가 쉽다.
② 새로운 방식의 정전용량식 검출기를 사용함으로 안정되고 가벼우며 소비전력이 낮다.
③ 임의의 위치에서 0점을 세팅할 수 있다.
④ 통상의 사용 상태에서 응답속도가 빠르다.
⑤ 출력 부분이 있다(M형).

2) 디지털 마이크로미터

기존의 마이크로미터와 같은 모양에 디지털화하여 측정 범위는 0~25㎜, 25~50㎜이며 최소 표시량은 0.001㎜이다.

그림 2.59 디지털 마이크로미터

그림 2.59는 디지털 마이크로미터를 나타낸 것으로 각종의 통계처리를 하기도 하고 히스토그램 작성과 생산라인의 품질관리에 유효하게 이용할 수 있다. 가공물의 형상에 따라서 볼 앤빌형, 포인트형, 디스크형, V앤빌형 등이 있다.

3) 디지털 인디케이터

그림 2.60은 디지털 인디케이터를 나타낸 것으로서, 지침의 회전으로 아날로그적으로 표시한 다이얼게이지로부터 전기적으로 수치를 표시하는 디지털 표시의 인디케이터를 총칭하여 디지털 인디케이터(I.D)라고 부른다. 또한 최근의 디지털 인디케이터의 기능에는 다음과 같은 기능이 추가되었다.

① 삭제(delection)바꿈 기능이 있다.
② 측정 중에 최대치 또는 최소치를 모드 키로 홀드(hold)하는 기능이 있다.
③ 임의의 공차를 설정하고 적부 판정 기능이 있다.
④ 출력 단자가 있다(디지털 미니프로세서에 접속하여 각종 통계처리 및 외부의 컴퓨터 등에 신호를 보내는 기능이 있다).

그림 2.60 디지털 인디케이터

그림 2.61 디지털 하이트게이지

4) 디지털 하이트게이지

그림 2.61은 직독식 하이트게이지를 전자 디지털화한 디지털 하이트게이지를 나타낸 것으로, 측정범위는 300mm, 600mm, 1000mm 등이 있으며 LCD 표시장치에 최소 표시량 0.01mm를 시차 없이 읽을 수 있다.

④ 한계 게이지

4.1 표준 게이지

단일 게이지 방식에 속하는 표준 게이지는 그림 2.62와 같은 종류들이 있으며, 표준 게이지는 측정하는 치수의 기준이 되고 한계 게이지는 대량 생산 부품의 호환성을 검사하는 데에 사용하는 것이므로 다음 문항에서 설명하기로 한다. 여기에서는 별로 정밀도를 필요로 하지 않는 직접 치수 비교의 기준이 되는 표준 게이지로서 그 종류와 용도는 다음과 같다.

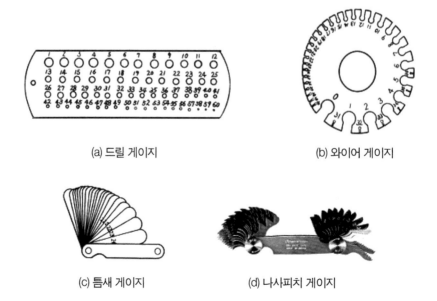

(a) 드릴 게이지   (b) 와이어 게이지

(c) 틈새 게이지   (d) 나사피치 게이지

ⓔ 센터 게이지 　　　　　ⓕ 반지름 게이지

그림 2.62 표준 게이지의 종류

㉮ 드릴 게이지(drill gauge) : 드릴의 지름 측정

㉯ 와이어 게이지(wire gauge) : 각종 선재의 지름이나 판의 두께를 측정

㉰ 나사 피치 게이지(screw pitch gauge) : 나사의 피치나 산수를 측정

㉱ 센터 게이지(center gauge) : 선반에서 나사 바이트 설치 및 나사바이트 각도 측정

㉲ 틈새 게이지(feeler gauge or thickness gauge) : 미소한 틈새 측정

㉳ 반지름 게이지(radius gauge) : 모서리 부분 반지름 측정

4.2 한계 게이지

　어떤 일정한 편차를 사용 목적에 따라서 최대 최소의 한계 사이에 들도록 하는 것이 합리적이다. 이 합리적인 규격에 정한 최대 및 최소 허용 치수로서 관리를 하는 공차 방식을 한계 게이지 방식이라 하며 이 때 사용되는 게이지가 한계 게이지이다.

　그러므로 도면상에서 구멍, 축 등의 치수 허용 한계의 기본이 되는 치수를 기준치수라 하며 기준 치수에 공차가 주어졌을 때 상한과 하한을 나타내는 2개의 치수를 한계 치수라 한다. 이 때 큰 쪽을 최대 허용 치수, 작은 쪽을 최소 허용 치수라 한다. 따라서 공차는 다음과 같다.

　공차 = 최대 허용치수 - 최소 허용치수 = 위치수 허용차 - 아래치수 허용차

　구멍에 대해서는 최소 치수 및 최대 치수를 가진 한계를 플러그게이지를 사용하고, 이 때 최대 치수 쪽은 구멍에 들어가면 안 되므로 정지측(no go size)이라 하며 최소

치수 쪽은 구멍에 쉽게 들어가야 하므로 통과측(go size)이라 한다.

축에 대해서는 중심 사이에 지지된 상태로 검사할 수 있는 스냅 게이지(snap gauge)를 사용하며 이 때 최소 치수 쪽은 정지측, 최대 치수 쪽은 통과측이 된다.

그림 2.63은 대표적인 구멍용 한계 게이지인 원통형 플러그 게이지와 축용 한계 게이지인 스냅 게이지를 나타낸 것이다.

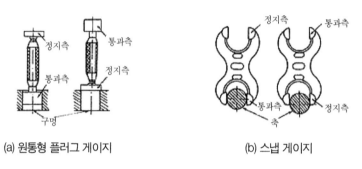

(a) 원통형 플러그 게이지   (b) 스냅 게이지

그림 2.63 한계 게이지

1) 한계 게이지의 종류

한계 게이지에 의해 합격한 제품에 있어서도 축의 적은 구부림 형상이나 구멍의 요철, 타원 등을 가려내지 못하기 때문에 끼워맞춤이 안 되는 경우가 있는데, 이 현상을 테일러가 처음 발표하였다. 요약하면 테일러(Taylor)의 원리란 "통과측에는 전 길이에 대한 치수 또는 결정량이 동시에 검사되고 정지측에는 각각의 치수가 따로 따로 검사되어야 한다."라는 것으로서, 이것은 부품과 반대형 부품이 완전히 포위하는 모든 끼워맞춤에 해당되는 것이다.

다시 말해서 원통형의 구멍, 축의 경우에는 구멍(축)을 그 지정되는 최소(최대)허용 치수로 만들고 적어도 구멍(축)의 끼워맞춤 길이와 같은 길이를 가지는 통과측 원통형 플러그 게이지와 완전히 맞아야 한다.

한계 게이지의 종류에는 구멍용과 축용으로 나누며 그 종류는 다음과 같다.

(1) 구멍용 한계 게이지

① 플러그 게이지(plug gauge)

    ㉮ 원통형 플러그 게이지

    ㉯ 평형 플러그 게이지

    ㉰ 판형 플러그 게이지

② 테보 게이지(tebo gauge)

③ 봉 게이지(bar gauge)

(2) 축용 한계 게이지

① 링 게이지(ring gauge)

② 스냅 게이지(snap gauge)

2) 사용 목적에 따른 분류

① 기준용 게이지 : 게이지 점검 관리에 사용

② 점검용 게이지 : 공작용 및 검사용 게이지의 검사 및 조정에 사용

③ 검사용 게이지 : 제품의 검사에 사용

④ 공작용 게이지 : 제품 제작에 사용

3) 구멍용 한계 게이지

구멍용 한계 게이지에는 여러 가지 형상의 것이 있는데, 호칭 치수의 범위에 따라 사용되고 있다. 호칭 치수가 비교적 작은 플러그 게이지가 쓰이고 그보다 큰 것에 대해서는 원통의 일부를 측정면으로 하는 평형 플로그 게이지, 더욱 큰 것에는 측정이 간편하도록 한 봉 게이지가 사용된다.

테보(Tebo) 게이지는 통과 게이지로 임의의 많은 단면에서 구멍의 직경을 신속 확실하게 검사할 수 있다. 그러나 테보 게이지의 통과측은 테일러의 원리에 적합하지 않으므로 이 게이지는 짧은 구멍 또는 구멍의 진직도가 잘 되어 있거나 중요하지 않는

긴 구멍에 쓰인다. 그림 2.64는 원통형 플러그 게이지를 제외한 그 밖의 구멍용 한계 게이지의 종류를 나타낸 것이다.

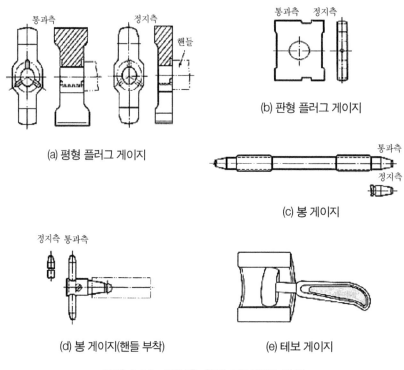

(a) 평형 플러그 게이지

(b) 판형 플러그 게이지

(c) 봉 게이지

(d) 봉 게이지(핸들 부착)

(e) 테보 게이지

그림 2.64 구멍용 한계 게이지의 종류

4) 축용 한계 게이지

축의 최대 허용치수를 기준으로 한 측정 단면이 있는 부분을 통과측이라 하고 축의 최소 허용치수를 기준으로 한 측정 단면이 있는 부분을 정지측이라 한다.

그림 2.65는 축용 한계 게이지의 종류를 나타낸 것으로 링 게이지는 비교적 작은 치수 또는 얇은 공작물에 사용되며 편구 스냅 게이지는 양구에 비해 검사 시간을 단축시킬 수 있는 장점이 있다. 스냅 게이지를 사용하여 검사할 때는 쐐기작용에 의하여 게이지의 입구가 벌어진다. 스냅 게이지의 치수는 고유치수와 작동치수로 구별하며, 고유치수란 힘을 받지 않을 때 스냅 게이지가 가지는 치수이고 작동치수란 연직으로 한 스냅 게이지를 주의 깊게 가만히 정지시켜다 놓았을 때 사용 하중에 의하여 통과

하는 점검 게이지의 지름이다.

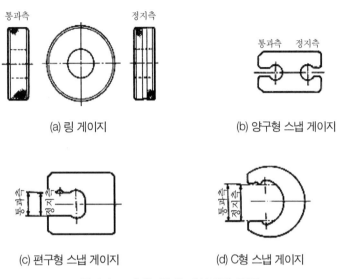

(a) 링 게이지   (b) 양구형 스냅 게이지

(c) 편구형 스냅 게이지   (d) C형 스냅 게이지

그림 2.65 축용 한계 게이지의 종류

5) 플러시 핀 게이지(flush pin gauge)

이 게이지는 특정 부품의 특별한 치수를 검사하기 위하여 설계된 만능 게이지로서, 많은 연속 작업과 대량 생산으로 제작된 제품을 검사하는데 사용된다.

그림 2.66은 플러시 핀 게이지를 나타낸 것으로 피측정물을 앤빌 위에 놓고 플런저에 표준 측정력을 가할 때 플런저의 윗면이 면 A와 B 사이에 있으면 합격이고 또한 핀의 높이차가 작은 경우에는 손끝으로 만져 봄으로써 0.05㎜ 정도까지 식별할 수 있다. 그러므로 이 게이지는 보통 0.05㎜~0.15㎜ 측정범위 내의 공차에 대하여 사용한다.

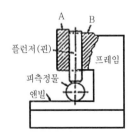

그림 2.66 플러시 핀 게이지

6) 사용시 유의사항

① 사용하기 전에 먼지, 기름 등을 깨끗한 헝겊으로 게이지 측정면을 닦아내고 측정면 이외의 부분을 잡고 사용한다.

② 게이지를 사용할 때에는 측정면에 유막을 남겨두고 사용 중에는 항상 움직이게 하여 빠지지 않을 경우에 주의해야 한다.

③ 측정물과 게이지의 온도차가 클 때에는 오차를 고려하여 특히 주의를 요한다.

④ 측정물에 게이지를 끼울 때는 무리한 힘을 주면 오차가 발생됨으로 5N 이하로 한다.

⑤ 정기적으로 1개월마다 점검과 측정횟수 5,000회마다 검사한다.

4.3 치수 공차와 끼워맞춤

다량 생산 방식에 의해서 제작되는 기계 부품은 호환성을 유지할 수 있도록 가공되어야 한다. 따라서 모든 부품이 조립되려면 부품의 크기 치수 공차와 기하학적인 형상 및 위치 공차를 요구되는 범위 안에 들도록 가공하여야 하며 요구되는 성능을 얻기 위해서는 가공면의 표면 거칠기를 일정 범위 안에 들도록 하여야 한다. 그러므로 이들

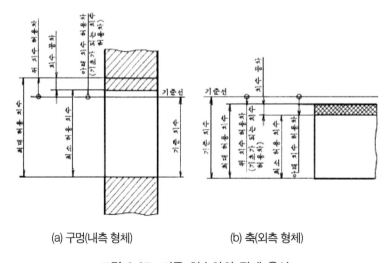

(a) 구멍(내측 형체)　　　　　(b) 축(외측 형체)

그림 2.67 기준 치수와의 관계 용어

3가지는 상호 상관 관계를 갖도록 설정하여야 하고 이들 중 기본이 되는 것이 치수 공차이다.

그림 2.67은 기준 치수와의 관계 용어를 나타낸 것이다.

1) 기본 공차의 적용

기본 공차는 IT 01에서부터 IT 18까지 20등급으로 구분하여 규정되어 있으며, IT 01과 IT 0에 대한 값은 사용 빈도가 적으므로 KS B 0401의 규정에는 별도로 정하고 있다.

IT(ISO Tolerance) 공차를 구명과 축의 제작 공차로 적용할 때 제작의 난이도를 고려하여 구명에는 ITn, 축에는 ITn-1을 부여하며 표 2.11은 기본 공차의 적용을 나타낸 것이다.

표 2.11 기본 공차의 적용

용도	정밀등급 (게이지 제작공차)	상용등급 (일반 기계가공품의 끼워맞춤 공차)	거친등급 (끼워맞춤과 무관한 공차)
구멍(N)	IT 01~IT 5	IT 6~IT 10	IT 11~IT 18
축(N, N-1)	IT 01~IT 4	IT 5~IT 9	IT 10~IT 18
정밀도	0.001mm~	0.01mm~	0.1mm~

2) 끼워맞춤

기계 부품을 조립할 때 구멍과 축이 미끄럼 운동이나 회전 운동이 이루어질 수 있는 경우와 상호 운동이 없이 동력을 전달해야 되는 경우가 있다. 이와 같이 구멍과 축이 조립되는 관계를 끼워맞춤(fitting)이라 하고 구멍의 지름이 축의 지름보다 큰 경우 두 지름의 차를 틈새(clearance)라 하며, 또한 축의 지름이 구멍의 지름보다 큰 경우 두 지름의 차를 죔새(interance)라 한다.

(1) 끼워맞춤 방식에 따른 종류

끼워맞춤 부분을 가공할 때 부품 소재의 상태나 가공의 난이 정도에 따라 구멍을 기준으로 할 것인지 또는 축 기준으로 할 것인지에 따라 구멍 기준식과 축 기준식으로 나눈다. 따라서 구멍 기준식은 구멍의 최소 허용치수가 기준치수와 같고 구멍의 아래 치수 허용차가 "0"인 끼워맞춤 방식을 기준구멍으로 하고 이에 적당한 축을 선정하여 필요한 죔새를 얻는 끼워맞춤으로 H6~H10의 다섯 가지 구멍을 기준 구멍으로 사용한다.

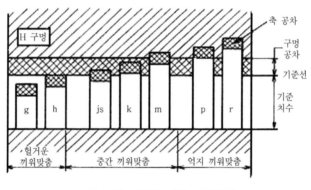

그림 2.68 구멍 기준 끼워맞춤

축 기준식은 축의 최대 허용치수가 기준치수와 같고 축의 위 치수허용차가 "0"인 끼워맞춤 방식으로 하고 이에 적당한 구멍을 선정하여 필요한 죔새나 틈새를 얻는 끼워맞춤으로 h5~h9의 5가지 축을 기준 축으로 사용한다.

(2) 끼워맞춤 상태에 따른 분류

① 헐거운 끼워맞춤 : 구멍의 최소 치수가 축의 최대 치수보다 큰 경우이며 항상 틈새가 생기는 끼워맞춤으로 미끄럼 운동이나 회전 운동이 필요한 기계 부품 조립에 적용한다.

② 억지 끼워맞춤 : 구멍의 최대 치수가 축의 최소 치수보다 작은 경우이며 항상 죔새가 생기는 끼워맞춤으로 동력 전달을 하기 위한 기계 조립이나 분해 조립이 불필요한 영구 조립 부품에 적용한다.

③ 중간 끼워맞춤 : 중간 끼워맞춤은 축 구멍의 치수에 따라 틈새 또는 죔새가 생기

는 끼워맞춤으로 헐거운 끼워맞춤이나 억지 끼워맞춤으로 얻을 수 없는 더욱 작은 틈새나 죔새를 얻는 데 적용하며 베어링 조립은 중간 끼워맞춤의 대표적인 보기이다.

3) 기본공차 방식

ISO 공차방식은 기준치수 500㎜ 이하인 경우는 공차단위 i로 사용하고, 500㎜ 초과 3,150㎜ 이하는 공차단위 I로 사용하며 기준치수의 범위를 규정하고 있으나 이 치수 공차의 등급을 다음과 같은 식으로 계산한다.

① 500㎜ 이하, IT5~IT18 등급에 대한 공차

$$i = 0.45 \sqrt[3]{D} + 0.001D \, (\mu m)$$

여기서 D는 1개 치수 구분의 두 한계값인 D_1, D_2의 기하 평균값으로 $D = \sqrt{D_1 \times D_2}$ 으로 구한다.

② 500㎜ 초과 3,150㎜ 이하, IT1~IT18 등급에 대한 공차

$$I = 0.004D + 2.1 \, (\mu m)$$

예제 9 구멍의 치수가 $\phi 50^{+0.025}_{+0.015}$ 이고, 축의 치수가 $\phi 50^{+0}_{-0.02}$ 일 때 최소틈새는?

풀 이 최소틈새 = 구멍의 최소 허용치수 − 축의 최대허용치수

= 50.015 − 50.0 = 0.015㎜

예제 10 $\phi 66^{+0.02}_{-0.01}$ 로 표시된 축의 치수에서 치수공차는?

풀 이 치수공차 $= 0.02 - (-0.01) = 0.03㎜$

(치수공차란 최대 허용치수와 최소 허용치수와의 차 또는 윗치수 허용차와 아래치수 허용차와의 차를 말한다.)

예제 11	억지 끼워맞춤에서 구멍 $\phi60^{+0.025}_{0}$ 이고, 축 $\phi60^{+0.050}_{+0.034}$ 일 경우 최대죔새는?

풀 이	최대죔새＝축의 최대허용치수－구멍의 최소허용치수

$$= 60.05 - 60.0 = 0.05 \text{mm}$$

4.4 한계 게이지 설계

1) 구멍용 한계 게이지

(1) 플러그 게이지(plug gage)

관련 공식

$$\text{통과측} = \text{구멍의 최소치수} + \text{마모여유}(Z) \pm \frac{\text{게이지제작공차}(\text{H})}{2}$$

$$\text{정지측} = \text{구멍의 최대치수} \pm \frac{\text{게이지제작공차}(\text{H})}{2}$$

예제 12	호칭치수 40K6($\phi40^{+0.003}_{-0.013}$)인 구멍을 검사하기 위한 플러그 게이지를 설계하라.

풀 이	① 호칭치수가 40mm이고 제품공차는 0.016mm이다.

    ② K6은 구멍기준식이고 IT공차 6급을 나타내므로 표 2.12에서 게이지의 제작공차를 찾아보면 구멍 등급 IT6은 플러그 게이지의 제작공차를 IT2로 주도록 되어 있다.

    ③ 표 2.14에서 호칭치수의 구분 30초과 50 이하에서 찾아보면 마모여유 Z는 4μm, 게이지의 제작 공차는 2.5μm이다.

    ④ 위 식에 대입하여 계산하면

      - 구멍의 최소치수 $= 40 - 0.013 = 39.987$

      - 구멍의 최대치수 $= 40 + 0.003 = 40.003$

      ㉮ 통과측 $= 39.987 + 0.004 \pm \dfrac{0.0025}{2} = 39.991 \pm 0.00125$ 이므로

         39.991 ± 0.001로 결정

      ㉯ 정지측 $= 40.003 \pm \dfrac{0.0025}{2} = 40.003 \pm 0.00125$ 이므로

40.003 ± 0.001 로 한다.

⑤ 정리하면

　- 통과측 = $\phi39.991 ± 0.001$

　- 정지측 = $\phi40.003 ± 0.001$ 로 설계하여 제작하면 된다.

2) 축용 한계 게이지

(1) 링 게이지와 스냅 게이지

관련 공식

$$통과측 = 축의\ 최대치수 - 마모여유(Z) ± \frac{게이지제작공차(H_1)}{2}$$

$$정지측 = 축의\ 최소치수 ± \frac{게이지제작공차(H_1)}{2}$$

예제 13　호칭치수 $\phi90$ m5인 축을 검사하기 위한 링 게이지를 설계하라.

풀 이　① 호칭치수가 90mm이고 제품공차는 0.015mm이다.

② m5는 축 기준식이므로 기준치수 80 초과 100 이하에서 위치수 허용차 및 아래 치수 허용차는 각각 +28μm, +13μm를 표에서 찾을 수가 있다(부록 5 참조).

③ m5는 IT공차 5급을 나타내므로 표 2.14에서 마모여유 Z는 5μm이고 게이지의 제작공차 H_1은 4μm이다.

④ 위 식에 대입하여 계산하면

　㉮통과측 $= 90.028 - 0.005 ± \dfrac{0.004}{2} = 90.023 ± 0.002$

　㉯정지측 $= 90.013 ± \dfrac{0.004}{2} = 90.013 ± 0.002$ 로 된다.

⑤ 정리하면

　- 통과측 $= \phi90.023 ± 0.002$

　- 정지측 $= \phi90.013 ± 0.002$ 로 설계하여 제작하면 된다.

표 2.12 게이지 제작공차(KS)

한계 게이지의 종류	제작공차의 기호	구멍, 축의 등급					
		IT5	IT6	IT7	IT8	IT9	IT10
원통형 및 평형 플러그 게이지	H	IT2	IT2	IT2	IT3	IT3	IT4
봉 게이지	H_S	IT2	IT2	IT2	IT2	IT2	IT3
스냅 게이지 및 링게이지	H_1	IT2	IT2	IT3	IT3	IT4	–

표 2.13 한계 게이지 공차의 수치   (단위 : μm)

호칭치수의 구분(mm)		IT2	IT3	IT4
을 초과	이하			
–	3	1.2	2	3
3	6	1.5	2.5	4
6	10	1.5	2.5	4
10	18	2	3	5
18	30	2.5	4	6
30	50	2.5	4	7
50	80	3	5	8
80	120	4	6	10
120	180	5	8	12
180	250	7	10	14
250	315	8	12	16
315	400	9	13	18
400	500	10	15	20

주) 호칭치수의 구분에서 3mm이고 IT2의 수치 1.2μm은 스냅 게이지 및 링게이지에 한하여 1.5μm으로 하는 것이 좋다.

표 2.14 한계 게이지의 구멍과 축의 마모여유와 제작 공차 등의 수치(IT5, IT6)　　　(단위 : μm)

호칭치수의 구분 (mm)		T (IT5급)	IT5급 구멍, 축용게이지					T (IT6급)	IT6급 구멍, 축용게이지				
을 초과	이하		z z_1	y y_1	y' y_1'	a a_1	H, H_s, H_1 (IT2)		z z_1	y y_1	y' y_1'	a a_1	H, H_s, H_1 (IT2)
−	3	4	1	1			1.2	6	1.5	1			1.2
3	6	5	1	1			1.5	8	2	1			1.5
6	10	6	1	1			1.5	9	2	1			1.5
10	18	8	2	1.5			2	11	2.5	1.5			2
18	30	9	2	1.5			2.5	13	2.5	1.5			2.5
30	50	11	3	2			2.5	16	4	2			2.5
50	80	13	4	2			3	19	5	2			3
80	120	15	5	3			4	22	6	3			4
120	180	18	6	3			5	25	7	3			5
180	250	20	6	3	2	1	7	29	7	4	2	2	7
250	315	23	7	3	1.5	1.5	8	32	8	5	2	3	8
315	400	25	7	4	1.5	2.5	9	36	9	6	2	4	9
400	500	27	8	4	1	3	10	40	12	7	2	5	10

비고 ① 위 표의 기호는 다음과 같다.

　　T : 구멍, 축의 공차

　　y : 구멍용 한계게이지의 마모 한계치수 허용차

　　y_1 : 축용 한계게이지의 마모 한계치수 허용차

　　a : 구멍용 한계게이지의 측정 불확실한 영역

　　z : 구멍용 한계게이지의 구멍 공차 내 마모여유

　　z_1 : 축용 한계게이지의 측정 불확실한 영역

　② 호칭치수의 구분 3㎜ 이하 IT2의 수치 1.2μm은 판 스냅게이지 및 링게이지에 한하여 1.5μm로 하는 것이 좋다.

표 2.15 한계 게이지의 구멍과 축의 마모여유와 제작 공차 등의 수치(IT7)   (단위 : μm)

호칭치수의 구분 (mm)		T (IT7급)	IT7급 구멍용게이지					IT7급 축용게이지				
을 초과	이하		z	y	y'	a	H, H_S (IT2)	z_1	y_1	y_1'	a_1	H_1 (IT3)
–	3	10	2	1.5			1.2	2	1.5			2
3	6	12	2.5	1.5			1.5	3	1.5			2.5
6	10	15	2.5	1.5			1.5	3	1.5			2.5
10	18	18	3	1.5			2	3.5	2			3
18	30	21	3.5	1.5			2.5	3.5	2			4
30	50	25	4	2			2.5	5	3			4
50	80	30	5	2			3	6	3			5
80	120	35	6	3			4	8	4			6
120	180	40	8	3			5	9	4			8
180	250	46	9	5	2	3	7	10	6	3	3	10
250	315	52	11	6	2	4	8	12	7	3	4	12
315	400	57	13	6	0	6	9	14	8	2	6	13
400	500	63	15	7	0	7	10	16	9	2	7	15

각도의 측정

CHAPTER

03

① 단일 각도 기준

1.1 각도 게이지

각도는 원주를 등분해서 그 중심각으로 나타내므로 원기를 필요로 하지 않으나, 실제로 각도 측정에는 기준이 필요하며 양 측정면이 일정한 각도를 이루고 있는 단체로 되어 있는 게이지이다.

1) 요한슨식 각도 게이지

1918년경 요한슨(Johanson)에 의해 고안된 것으로 길이는 약 50㎜, 폭은 19㎜, 두께는 2㎜의 열처리된 강으로 만늘어진 판 게이지를 49개와 85개가 한 세트로 되어 있다. 2개의 각도 게이지를 조합하여 각을 만들 때에는 홀더가 필요하며, 게이지 하나 하나의 정도는 약 ±12″이고 조합하였을 때의 정도는 ±24″가 된다. 또한 긴 방향의 양측면이 서로 평행하여 이 평행한 측면에 대하여 게이지면은 네 귀퉁이에 경사된 가공면으로 되어 있고 여기에 각도가 기입되어 있으며 S자는 그 장소를 표시한 것이다.

각도 형성은 다음과 같다.

① 49개조는 0~10°와 350°~360° 사이의 각도를 1° 간격으로 그 외의 각도를 5′ 간격으로 각도 조합이 가능하다.

② 85개조는 0~10°와 350°~360° 사이의 각도를 1° 간격으로 그 외의 각도를 1′ 간격으로 만들 수 있다. 그림 3.1은 요한슨식 각도 게이지의 실물을 나타낸 것이다.

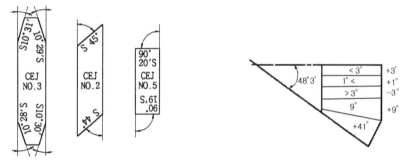

그림 3.1 요한슨식 각도 게이지   **그림 3.2** NPL식 각도 게이지 조합방법

2) NPL식 각도 게이지

그림 3.2는 NPL식 각도 게이지 조합의 방법을 나타낸 것으로 1940년경 영국의 톰린슨(Tomlinson)에 의하여 고안되었으며, 길이와 폭은 약 90㎜×16㎜이고 쐐기형의 열처리된 블록으로 각각 6″, 18″, 30″, 1′, 3′, 9′, 27′, 1°, 3°, 9°, 27°, 41°의 각도를 가진 12개의 게이지를 한 조로 한다. 이들 게이지를 2개 이상 조합해서 0°에서 81° 사이를 임의로 6″간격으로 만들 수 있으며 조합 후의 정도는 ±2~3″이다.

NPL식 각도 게이지는 측정면이 요한슨식 각도 게이지보다 크고 몇 개의 블록을 조합하여 임의의 각도를 만들 수 있고 그 위에 밀착이 가능하여 현장에서도 많이 사용되고 있다.

1.2 표준 테이퍼 게이지

테이퍼 구멍을 검사하는 경우에는 플러그 게이지(plug gauge)이고, 테이퍼 축을 검사할 때는 링 게이지(ring gauge)를 사용한다. 그림 3.3은 테이퍼 게이지에 의한 검사의 예로서 큰 쪽에 턱을 만들거나 한계 기준선을 만들어 피측정물의 단면이 이 범위 내에 들어오는가를 검사하며 또한 테이퍼의 각도 및 진직도는 서로 닿는 면으로 검사한다.

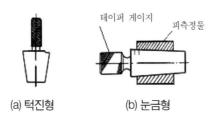

(a) 턱진형   (b) 눈금형

그림 3.3 테이퍼 게이지에 의한 검사

테이퍼의 종류와 용도는 다음과 같다.

① 모스 테이퍼(morse taper : MT) : 0번에서 7번까지 8종류이고 번호에 따라 다소 다르나 대략 1/19.2~1/20 사이의 값이며 원뿔각이 2°~3°이므로 단순한 마찰만으로 테이퍼 생크를 지지하는 형태로 선반에 주로 사용된다.

② 자르노 테이퍼(Jarno taper) : 테이퍼는 번호에 관계 없이 항상 1/20이다.

③ 브라운-샤프 테이퍼(Brown-Sharpe taper) : 테이퍼는 대략 1/24 정도이고 자동 체결형이며 아버(arbor), 콜릿(collet), 엔드 밀(end mill), 리머(reamer), 밀링 머신, 연삭기 등에 사용된다.

④ 내셔널 테이퍼(national taper) : 일명 미국 표준 기계 테이퍼라고도 하며 밀링 머신의 스핀들에 주로 사용된다. 원뿔각(대략 16°)이 크므로 셀프 릴리스형(self-releasing type)이다.

⑤ 쟈콥스 테이퍼(Jacob's taper) : 드릴 척에 주로 사용된다.

1.3 각도 측정기

1) 콤비네이션 세트(combination set)

콤비네이션 스퀘어(combination square)는 곧은자의 좌측에 스퀘어 헤드가 있고 우측에는 센터 헤드가 있으며 직각측에 수준기가 붙어 있는 것도 있다. 사용 용도로는 높이 측정이나 중심을 내는 금긋기 작업에 사용된다.

콤비네이션 세트는 그림 3.4(a)와 같이 콤비네이션 스퀘어에 각도기가 붙어 있는 측정기로서 또한 각도기에 수준기가 있는 것도 있다.

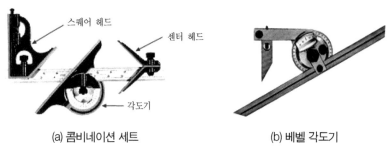

스퀘어 헤드
센터 헤드
각도기

(a) 콤비네이션 세트   (b) 베벨 각도기

그림 3.4 각도 측정기

2) 베벨 각도기(bevel protractor)

원주 눈금이 새겨진 자와 읽음용 눈금 혹은 아들자 눈금을 가진 회전체로 되어 있으며, 그림 3.4(b)와 같은 유리 원판에 정밀한 원주 눈금을 새겨 이것을 확대경으로 읽는다.

3) 직각자(square)

피측정물에 직각자를 접촉시켜 그 틈새의 크기로 직각도를 검사하는 측정기로서 크기의 표시는 그림 3.5와 같이 장편의 길이 L을 호칭 치수로 한다.

강제 직각자에는 많은 종류가 있으나 장편의 단면 모양에 따라 평형, 대붙이형, 칼날형, I형 등의 4종류가 있으며 직각자의 직각도는 꼭지점을 통하여 정반상에 놓인 단편의 사용면에 직각인 가상 평면에서 장편의 사용면까지의 거리로 표시된다.

외측 사용면의 직각도의 측정 원칙은 다음과 같은 방법이 있다.

① 기준 직각자와 게이지블록에 의한 방법

② 기준 직각자와 다이얼게이지에 의한 방법

③ 직각도 검사기에 의한 방법

④ 오토콜리메이터에 의한 방법

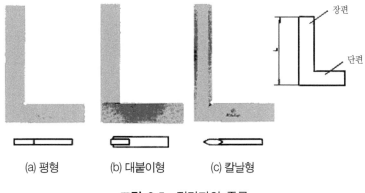

(a) 평형   (b) 대붙이형   (c) 칼날형

그림 3.5 직각자의 종류

2 정 반

2.1 정반의 종류

1) 석정반(granite surface plate)

정반(surface plate)이란 정밀 측정에서 기준 평면으로 사용할 수 있도록 민든 깃을 말하며, 석제 정반은 주철제 정반의 대용품으로 그 우수성을 인정받아 정밀 측정실용 정반으로 근래에 많이 사용되고 있으며 화강암, 휘록암, 조립 현무암, 반려암 등을 주로 사용하여 만든다.

큰 정반은 안전 받침이 있어야 하고 받침은 처짐이 최소가 되도록 작업표면의 영역 이내에 위치해야 하고 모든 정반은 3개의 지지점으로 지지되어야 한다.

그림 3.6 석정반

그림 3.6은 석정반의 실물이며 장점과 단점은 다음과 같다.

(1) 장점

① 녹이 슬지 않는다.

② 돌기가 생기지 않는다.

③ 내부응력이 없어 시간 경과에 따른 변형이 적다.

④ 비자성, 비전도체이다.

⑤ 온도 변화에 민감하지 않다.

⑥ 유지비가 싸다.

⑦ 경도가 높다(석정반 HS 75~90, 주철정반 HS 32~40 정도).

⑧ 경년변화가 전혀 없으며 거의 밀착하지 않는다.

(2) 단점

① 운반, 이동 등이 어렵고 가장자리가 파손되기 쉽다.

② 건조한 상태에서는 밀착하지 않으나 습기 상태에서는 밀착이 심하다.

③ 영구자석 블록을 사용할 수 없으며 불편한 경우도 있다.

④ 주철정반에 비해 취급되는 피측정물의 마모가 크다.

⑤ 주철정반에 비해 다양한 형상제작이 어렵고 탭핑, T홈 등의 가공이 어렵다.

2) 주철정반

주철정반의 재료는 회 주철품의 GC 250 또는 이와 동등 이상의 주철로 조직이 균일하고 기공, 핀홀, 균열 등의 결점이 없어야 하며 내부 응력을 제거하기 위하여 필요한 열처리 또는 자연 시즈닝(seasoning)을 해야 한다.

정반의 마지막 가공은 래핑으로 완성하며 완전한 평면을 가공하기 위해서는 거의 같은 크기의 A, B, C 3개의 정반을 A와 B, B와 C, C와 A로 조합하여 순차적으로 래핑을 해야만 3면이 모두 완전한 평면으로 된다.

표 3.1은 주철정반과 석정반의 주요 치수를 나타낸 것이며 정반의 사용면의 크기가 2,500mm×1,600mm 이하이고 전체면의 평면도 공차 등급은 0급, 1급, 2급 등으로 되어 있다.

표 3.1 주철정반과 석정반의 주요 치수 (KS B 5254)

구분	사용면의 호칭치수(mm)	주철 정반		석정반	
		높이 (mm)	질량(참고) (kg)	최소두께 (mm)	질량(참고) (kg)
직사각형	160×100	–	–	–	–
	250×160	–	–	–	–
	400×250	100	25	50	15
	630×400	150	90	70	50
	1,000×630	200	300	100	180
	1,600×1,000	250	900	160	720
	2,000×1,000	280	1,350	200	1,120
	2,500×1,600	320	2,800	250	2,800
정사각형	250×250	80	20	50	10
	400×400	100	40	70	30
	630×630	150	150	70	80
	1,000×1,000	200	500	100	280

3) 광선정반

광선정반(optical flat)이란 정반의 면을 고정도의 평면으로 래핑 가공한 유리 또는 수정으로 만든 원판으로 빛의 간섭 현상을 이용하여 게이지블록이나 각종 측정기 등의 평면 상태를 검사하는데 사용하는 투명 원판으로 된 정반이다.

(1) 옵티칼 플랫에 의한 평면도 측정

옵티칼 플랫의 종류에는 사용면이 한쪽면인 것과 양쪽면의 것이 있으며 평면도 측정은 생산 현장이나 실험실에서는 마이크로미터의 스핀들의 평면도와 같은 정밀부품의 평면도를 측정하는데 사용한다.

그림 3.7은 옵티칼 플랫으로 읽은 간섭무늬의 모양을 나타낸 것이며, 따라서 평면도 $F(\mu m)$를 구하는 식은 다음과 같다.

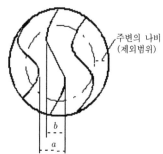

$$F = \frac{b}{a} \times \frac{\lambda}{2}$$

$\quad a$: 간섭무늬의 중심간격(mm)
$\quad b$: 간섭무늬의 굽음량(mm)
$\quad \lambda$: 사용하는 빛의 파장(μm)

그림 3.7 간섭무늬의 모양

호칭지름은 45mm, 60mm, 80mm, 100mm, 130mm 등이 있으며 평면도 정밀도에 따라 옵티칼 플랫의 등급은 0급 0.025μm, 1급 0.05μm, 2급 0.1μm, 3급 0.2μm으로 되어 있다.

평면도를 측정하는 방법은 간섭무늬의 수가 적고 등거리이고 평행직선으로 나타날 때가 다듬질면이 좋은 평면이다. 또한 광선정반의 한쪽을 밀어서 무늬가 미는 쪽으로 움직이면 凸면이며 반대 방향으로 움직이면 凹면이다.

예제 1 그림 3.7에서 간섭무늬의 중심간격이 4mm, 간섭무늬의 굽음량이 1mm일 때 평면도는 얼마인가? 단, 광선의 평균 파장은 0.64μm이다.

풀 이 $F = \frac{b}{a} \times \frac{\lambda}{2}$

$\qquad F = \frac{1}{4} \times \frac{0.64}{2} = 0.08 \mu m$

(2) 옵티칼 패러렐의 의한 평행도 측정

옵티칼 패러렐(optical parallel)이란 양면이 편평한 평면이고 또한 평행한 측정면을 가진 투명한 크라운 유리, 석영 유리 등으로 만들어져 있으며 광파 간섭에 의하여 피 측정면의 평행도, 평면도를 측정하는데 사용하는 평면 평행유리를 말한다.

마이크로미터 검사용으로 12㎜조(12.00, 12.12, 12.25, 12.37㎜)와 24㎜조(24.00, 24.12, 24.25, 24.37㎜)로 구분하며 보통 두께가 다른 4개가 1조로 되어 있는데 각각의 두께가 0.12㎜씩 차이가 있기 때문에 4개의 옵티칼 패러렐로 평행도를 측정하면 평행도 값이 각각의 형태에 따라서 달라진다.

측정할 때는 보통 옵티칼 패러렐을 앤빌측에 밀착시킨 다음 스핀들 쪽을 가볍게 접촉시켜 간섭무늬 수를 읽어서 계산하므로 여기서 간섭무늬수를 n, 사용한 빛의 파장을 λ라 할 때 평행도 $P(\mu\mathrm{m})$는 다음 식으로 구할 수 있다.

$$P = n \times \frac{\lambda}{2}$$

예제 2 마이크로미터 측정면을 평행광선 정반으로 검사하였더니 스핀들측에 3개 앤빌측에 2개의 무늬가 나타났다. 평행도는?

풀 이 $P = n \times \dfrac{\lambda}{2}$

$\qquad = 5 \times \dfrac{0.64}{2} = 1.6\mu\mathrm{m}$

예제 3 게이지블록 위에 광선정반을 올려놓고 정반을 눌렀다가 놓았을 때 다음 그림과 같이 간섭무늬가 가운데로 움직였다면 이 때 중앙 부분의 상태는 어떠한가?

풀 이 오목한 면임

※평면도 조사는 간섭무늬의 수가 적고 등거리, 평행직선으로 나타날 때에 좋은 평면이다.

③ 삼각법 및 테이퍼의 측정

3.1 삼각법에 의한 각도 측정

1) 탄젠트 바(tangent bar)

탄젠트 바는 중간의 게이지블록 L에 의해 간격이 결정되고 미리 알고 있는 롤러 지름 d와 D, 2개의 롤러에 의해 측정할 수 있고 더브테일(dove tail) 등의 측정에 응용된다. 그림 3.8은 탄젠트 바에 의한 측정의 원리를 나타낸 것으로 각도는 다음 식으로 구한다.

$$\tan\theta = \frac{O_2 a}{O_1 a} = \frac{\dfrac{D}{2} - \dfrac{d}{2}}{\dfrac{D}{2} + \dfrac{d}{2} + L}$$

$$\therefore \ \tan\theta = \frac{D-d}{D+d+2L}$$

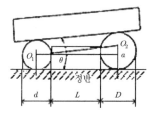

그림 3.8 탄젠트 바의 원리

2) 사인 바(sine bar)

사인 바는 게이지블록과 같이 사용하며 직각 삼각형의 삼각 함수를 이용하여 각도를 측정하거나 또는 임의 각을 설정하기 위한 것으로 로울러 중심 사이의 거리가 일정하도록 만들어져 있어 이 로울러 중심 사이의 거리를 호칭 치수라 한다.

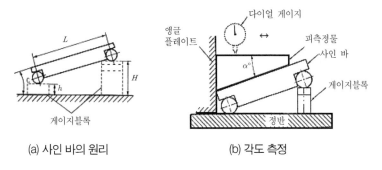

(a) 사인 바의 원리   (b) 각도 측정

그림 3.9 사인 바의 원리 및 각도 측정

그림 3.9는 사인 바의 원리 및 각도 측정을 나타낸 것이며 게이지블록으로 양단의 높이로 조절하여 각도를 구하는 방법으로 호칭치수를 L, 정반 위에서 높이를 H, h라 하면 정반면과 사인 바의 상면과 이루는 각 α는 다음 식으로 구한다.

$$\sin \alpha = \frac{H - h}{L}$$

중심거리는 계산을 쉽게 하도록 보통 100mm, 또는 200mm로 만들어져 있으며 높은 정도를 위해서는 45° 이하에서 측정하는 것이 좋다. 또한 각도 측정에 있어서 정반면과 평행은 인디케이터를 화살표 방향으로 이동하였을 때 게이지의 바늘이 움직이지 않는 것으로 확인할 수 있다.

> **예제 4** 로울러의 중심거리가 100mm인 사인 바로 21°30′ 의 각도를 만들 때 낮은 쪽의 게이지블록의 높이를 10.00mm라 하면 높은 쪽은 몇 mm가 되는가?

> **풀 이** $\sin \alpha = \dfrac{H-h}{L}$ 에서 $H-h = \sin \alpha \times L$
>
> $H = (\sin \alpha \times L) + h = (\sin 21.5° \times 100) + 10$
>
> $\qquad = 46.65\text{mm}$

| 예제 5 | 호칭치수가 100㎜인 사인 바로 30°를 만들 때 필요한 게이지블록의 치수는 얼마인가? |

| 풀 이 | $\sin\alpha = \dfrac{H}{L}$ 에서 |

$$H = \sin\alpha \times L = \sin30° \times 100$$

$$= 50㎜$$

3.2 테이퍼 측정

일반적으로 공작기계의 스핀들 등의 기계 각부에는 테이퍼를 많이 사용하고 있다. 그림 3.10에서 α는 테이퍼각, $\alpha/2$는 구배각, $1/x$은 테이퍼를 나타낸 것이며 따라서 원뿔의 지름과 그 길이 L의 비 D/L를 지름 $D = 1$로 해서 환산한 숫자가 x에 상당한다.

$$테이퍼 = \frac{1}{x} = \frac{D}{L} = 2\tan\frac{\alpha}{2}$$

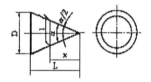

그림 3.10 테이퍼와 구배각

| 예제 6 | 테이퍼각이 30°인 원뿔의 테이퍼량은 얼마인가? |

| 풀 이 | $\dfrac{1}{x} = 2\tan\dfrac{\alpha}{2} = 2\tan\dfrac{30°}{2}$ |

$$= 2 \times 0.2679 = 0.5358$$

$$= \frac{1}{x} = \frac{1}{1.866}$$

1) 롤러 또는 강구에 의한 테이퍼 측정

그림 3.11에서 정반 위에 플러그 게이지를 세워 2개의 동일 치수의 롤러를 원뿔면에 붙이고 M_1의 길이를 마이크로미터로 측정한다.

다음은 양측에 임의의 동일 높이 H의 게이지블록을 세우고 그 위에 롤러를 놓아 M_2를 측정한다. 이 때 롤러의 지름을 d, 구배각 α, 게이지 양끝의 지름을 D_1, D_2라 할 때 다음 식과 같이 계산된다.

$$\tan \alpha = \frac{M_2 - M_1}{2H}$$

$$D_1 = M_1 - d\left\{1 + \cot\frac{1}{2}(90° - \alpha)\right\}, \quad D_2 = D_1 + 2B\tan\alpha$$

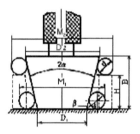

그림 3.11 롤러에 의한 테이퍼 측정

그림 3.12는 강구(보올)에 의한 내측 테이퍼의 측정을 나타낸 것으로 테이퍼 안쪽에 강구를 이용하여 M_1, M_2를 측정하고 게이지블록 높이 H, 깊이 H_1, H_2를 측정하여 테이퍼를 계산하면 다음 식과 같다.

① 그림 3.12(a)에시

$$\tan \alpha = \frac{M_1 - M_2}{2H}$$

② 그림 3.12(b)에서

$$\sin \alpha = \frac{d_1 - d_2}{2(H_2 - H_1) - (d_1 - d_2)}$$

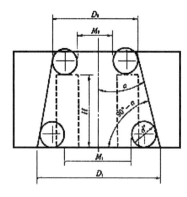
(a) 테이퍼링 게이지의 테이퍼 측정

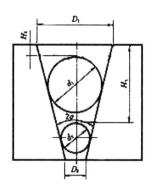
(b) 구멍이 작은 테이퍼 측정

그림 3.12 강구(보올)를 이용한 내측 테이퍼 측정

예제 7 그림 3.11과 같은 측정에 있어서 마이크로미터를 사용하여 M_1, M_2를 측정하였더니 각각 88mm, 100mm이었다. 이 때 사용한 게이지블록의 높이가 30.0mm라면 테이퍼각도는 얼마인가?

풀 이 구배각도를 구하면 $\tan\alpha = \dfrac{M_2 - M_1}{2H}$ 에서

$$\alpha = \tan^{-1}\frac{M_2 - M_1}{2H} = \tan^{-1}\frac{100 - 88}{2 \times 30}$$

$\alpha \fallingdotseq 11.3°$ (구배각도의 2배가 테이퍼각도이므로 $2 \times 11.3°$

테이퍼각도는 $22.6°$이다.)

예제 8 위의 문제에서 테이퍼값은 얼마인가?

풀 이 $테이퍼\left(\dfrac{1}{x}\right) = \dfrac{M_2 - M_1}{H}$

$$= \frac{100 - 88}{30} = \frac{12}{30} = \frac{1}{2.5}$$

예제 9 그림 3.12(a)와 같이 내측 테이퍼 구멍의 테이퍼각을 지름이 일정한 한 쌍의 강구와 게이지블록의 높이 H=27㎜로 하여 측정한 결과 M₁=25㎜, M₂=12㎜이었다. 테이퍼각 2α는 얼마인가?

풀 이
$$2\alpha = 2\tan^{-1}\frac{M_1 - M_2}{2H} = 2\tan^{-1}\frac{25 - 12}{2 \times 27}$$
$$= 2 \times 13.5358° = 27°4'18''$$

2) 더브테일(dovetail)의 각도 및 나비의 측정

더브테일은 기계부품의 운동전달 또는 두 부품의 마찰 체결용으로 사용된다. 특히 공작 기계의 베드운동 부분에 많이 사용되고 있으며 높이가 낮아 게이지블록을 넣기가 어렵기 때문에 로울러 및 강구를 넣어서 더브테일의 각도 및 나비를 그림 3.13과 같이 측정한다.

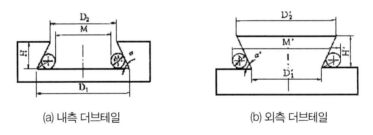

(a) 내측 더브테일　　　　(b) 외측 더브테일

그림 3.13 더브테일의 측정

① 그림 3.13(a)에서 $D_1 = M + d\left(1 + \cot\dfrac{\alpha}{2}\right)$

$$D_2 = D_1 - 2H\cot\alpha$$

② 그림 3.13(b)에서 $D_1' = M' - d\left(1 + \cot\dfrac{\alpha'}{2}\right)$

$$D_2' = D_1' + 2H'\cot\alpha'$$

예제 10

그림 3.13(a)와 같은 내측 더브테일 측정에서 M의 값은 얼마인가?
(단, D_1=40㎜, H=10㎜, α=60°, d=6㎜이다.)

풀 이

$$M = D_1 - d\left(1 + \cot\frac{\alpha}{2}\right)$$

$$= 40 - 6\left(1 + \cot\frac{60°}{2}\right) = 40 - 6 - 10.39$$

$$\fallingdotseq 23.61\,㎜$$

예제 11

아래 그림에서 더브테일 나비 L의 길이는 얼마인가?
(단, 각도 α는 60°이다.)

풀 이

$L = 12 + (L - 12) = 12 + 2x$ 에서

$x = \dfrac{5}{\tan 60°} \fallingdotseq 2.9$

$L = 12 + (2 \times 2.9) = 17.8㎜$

4 수준기

4.1 수준기의 구조와 원리

유리관에 작은 기포와 에텔 또는 알코올을 봉입하여 놓으면 이 때 유리관 안에 들어 있는 기포가 항상 가장 높은 곳으로 이동하는 성질을 이용하여 기포의 이동 방향으로부터 수평 또는 수직을 정하거나 수평 또는 수직의 위치에서 약간 경사진 것을 측정하는 장소에 사용한다.

그림 3.14는 본체모양에 의한 수준기 종류이며 그 외에 용도에 따라 합치식 수준기가 있다. 평형 수준기는 수평면의 경사각을 측정하고, 각형 수준기는 수평면과 수직면 양면을 측정할 수 있고, 조정식 수준기는 마이크로미터 나사를 사용하여 기포관의 기

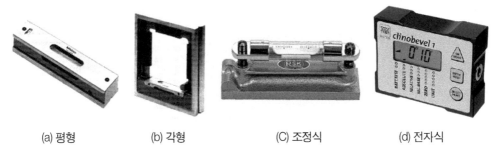

| (a) 평형 | (b) 각형 | (C) 조정식 | (d) 전자식 |

그림 3.14 수준기의 종류

울기를 조정할 수 있는 구조된 수준기이며, 전자식 수준기는 진자에 변환기를 접속하여 전기적 신호를 증폭시켜 그 값을 판독하는 수준기이고 합치식 수준기는 정도를 고정도로 하기 위한 원리로 된 수준기이다.

수준기(precision level) 유리관의 한 눈금을 a, 한 눈금 경사에 필요한 각도를 ρ, 유리관의 곡률 반지름을 R이라 하면 다음과 같은 식이 성립한다.

$$\frac{2\pi R}{a} = \frac{360 \times 60 \times 60}{\rho}$$

$$\therefore R = 206,265 \times \frac{a}{\rho}$$

a : 수준기 1눈금의 간격(mm)

ρ : 수준기 1눈금에 상당하는 각도(초)

R : 곡률반경

그림 3.15와 같이 수준기의 감도는 기포관 속의 기포를 1눈금(2mm) 편위시키는데 필요한 경사를 말한다. 다시 설명하면 밑변의 길이가 1m인 직각 삼각형의 높이를 mm로 표시하고 기포관 감도에 따라 1종은 0.02mm/m(4초), 2종은

그림 3.15 수준기의 감도(1종)

0.05mm/m(10초), 3종은 0.1mm/m(20초)로 나누고 기포관의 구조 및 성능에 따라 A급과 B급으로 나눈다.

4.2 수준기의 사용법

수준기를 정반 위에 놓고 기포관의 눈금을 읽고 정반의 동일면에서 수준기를 180° 회전시켜 기포관의 눈금을 읽어 두 읽음값이 서로 같을 때에는 수준기의 밑면과 기포관은 평행하며 읽음값이 서로 다를 때에는 조정핀으로 조정을 한다.

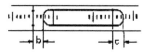

그림 3.16 수준기의 읽음

그림 3.16과 같이 수준기의 읽음은 기포의 양끝을 읽어 평균값을 취하며 따라서 수준기의 읽음값 a는 다음 식과 같다.

$$a = \frac{b+c}{2}$$

진직도의 측정은 수준기가 1눈금 경사진 경우에 수준기의 밑변의 길이가 1m가 아니기 때문에 실제로는 다음 식에 의하여 산출할 수 있다. 여기서 감도 0.02mm/m를 예를 들면 다음과 같다.

$$1,000 : 0.02 = l : k$$

l : 수준기 밑변의 길이

k : 1눈금 경사진 경우의 경사량

또한 a를 수준기 눈금 읽음값으로 하면 다음과 같다.

$$1,000 : 0.02 \times a = l : k$$

예제 12 수준기의 1눈금을 2mm로 하고 감도를 1′으로 하고자 할 때 기포관의 곡률반경은 얼마인가?

풀 이 $R = 206,265 \times \dfrac{a}{\rho}$ 에서

$$= 206,265 \times \frac{2}{60''} = 6875.5\,\text{mm}$$

$$\fallingdotseq 6.9\,\text{m}$$

| 예제 13 | 감도가 0.02㎜/m인 수준기에서 밑변거리가 200㎜라고 할 때 기포가 4눈금 이동하면 높이의 차는 얼마인가? |

풀 이	$1,000 : 0.02 \times a = 200 : k$ 에서
	$1,000 : 0.02 \times 4 = 200 : k$
	$k = 0.016㎜$

⑤ 기타 각도 측정기

5.1 눈금원판

원둘레를 일정한 각도로 분할한 것으로 각도 측정에 있어서 눈금원판의 편심에 의한 오차에 주의해야 한다.

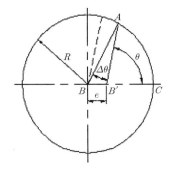

그림 3.17 눈금원판의 각도 오차

회전축에 눈금원판을 붙이고 각도를 직접 측정할 경우 그림 3.17과 같이 눈금원판의 중심을 B라 하고 측정하려는 AB′C의 회전중심 B′와 일치하지 않을 때 ∠ABC−∠AB′C =∠BAB′=$\Delta\theta$만큼의 오차가 생기며 따라서 각도 측정오차는 다음과 같다.

$$\frac{e}{\sin\Delta\theta} = \frac{AB}{\sin(180° - \theta)} = \frac{R}{\sin\theta}$$

$$\sin\Delta\theta = \frac{e}{R}\sin\theta$$

e : 편심거리

R : 눈금원판 반경

θ : 측정각도

예제 14 눈금원판에서 반경이 100mm인 각도 30°를 직접 측정할 때 편심오차가 1mm였다면 각도 측정 오차는?

풀 이 $\sin\Delta\theta = \dfrac{e}{R}\sin\theta$ 에서

$$\Delta\theta = \sin^{-1}\left(\frac{1}{100}\times\sin 30°\right) = \sin^{-1}\left(\frac{1}{100}\times 0.5\right)$$

$$= 17'11'' = 1{,}031''$$

5.2 오토콜리메이터(autocolimator)

오토콜리메이터는 반사경과 망원경의 관계 위치가 기울기로 변했을 때 망원경 내의 상의 위치가 이동하는 것을 이용하여 미소 각도, 진직도, 직각도, 평행도, 흔들림 등을 측정하는 광학적 측정기이다.

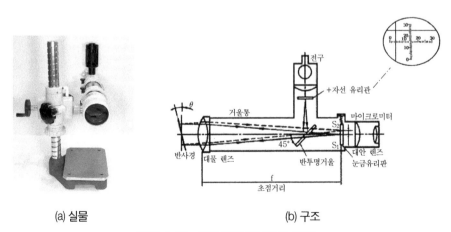

(a) 실물   (b) 구조

그림 3.18 오토콜리메이터의 원리

1) 오토콜리메이터의 원리

그림 3.18은 오토콜리메이터의 원리를 나타낸 것으로 광원에서 조명된 빛은 +자선이 있는 유리판을 통과하여 반투명의 반사경에 일부 반사되고 대물렌즈를 통해서 눈금 유리판 위에 +자선의 상이 생기며 반사경이 이 광축에 대하여 미소각 θ만큼 기울어진 반사광은 광축에 대해서 2θ만큼 방향을 바꾸고 눈금 유리판 뒤에 거리 d 만큼 떨어진 위치에 +자선의 상이 만들어진다. 여기서 대물렌즈의 초점거리를 f, 눈금선 간격을 d 라 할 때 경사각 θ는 다음과 같다.

$$d = f \tan 2\theta \fallingdotseq 2f\theta, \ \theta = \frac{d}{2f}\,(\mathrm{rad})$$

2) 주요 부속품

오토콜리메이터의 주요 부속품은 다음과 같다.

① 평면경 : 안내면의 검사나 평면도 검사에 사용된다.

② 반사경대(reflector)

③ 폴리곤 프리즘(polygon prism) : 원주를 4면경, 8면경(45°), 10면경, 12면경(30°) 등으로 등분한 각도 기준기이며 원주눈금 검사, 각도 분할 정도검사, 기어의 각도 분할 측정 등에 사용된다.

④ 펜타 프리즘(penta prism) : 5각형으로 각도를 검사하는데 사용하는 부속품으로 광로를 직각으로 변환시키며 각도 오차는 ±2″이내이다.

⑤ 조정기 : 오토콜리메이터와 부속품을 신속하게 위치 결정을 한다.

⑥ 변압기 : 2차 전압으로 눈이 피로하지 않도록 적당한 밝기로 조정한다.

3) 측정 용도

① 길이의 미소변화를 측정

② 육면체의 직각도 측정 : 기준 반사면에 의한 십사선 상의 읽음값과 펜타프리즘을 통과한 피측정물의 반사면에 의한 상의 읽음값과의 차를 읽어서 구한다.

③ 안내면의 진직도 측정

④ 탄성체의 휨에 의한 경사각 측정

⑤ 운동의 진직도 측정 : 평면경을 측정부위에 놓고 평면경에 의한 십자선 상의 이동량을 읽어서 측정한다.

⑥ 각도게이지에 의한 비교 측정 : 기준편 위에 피측정물과 각도게이지를 놓고 각도차를 비교 측정하여 구한다.

⑦ 안내면의 직각도 측정

예제 15   초점거리가 400mm, 최소눈금이 30″인 저감도 오토콜리메이터를 설계하고자 한다. 이 때 접안경의 눈금선 간격은 몇 mm로 해야 하는가?

풀 이 $d = 2f\theta = 2 \times 400 \times \left(\dfrac{30}{3,600} \times \dfrac{3.14}{180} \right) = 0.116\,\mathrm{mm}$

예제 16   초점거리가 500mm인 오토콜리메이터로서 상의 변위가 0.2mm일 때 경사각은 얼마인가?

풀 이 $\theta = \dfrac{d}{2f}\,(\mathrm{rad})$ 에서

$\theta = \dfrac{0.2}{2 \times 500} = 0.0002\,\mathrm{rad}$

$= 0.0002 \times \dfrac{180}{\pi} \times 3,600 \fallingdotseq 41''$

표면 거칠기의 측정

CHAPTER 04

1 표면 거칠기의 의의

표면 거칠기라 함은 작은 간격으로 나타나는 표면의 요철(凹凸)로서 '거칠다', '매끄럽다'하는 감각의 근본이 되는 것이며 생산 과정에 있어서 어느 조그만 변화라도 가장 민감하게 영향을 받아 나타나는 것이 바로 표면 거칠기이다. 이는 마치 제품의 지문과도 같으며 생산의 거의 마지막 단계에서 측정되기 때문에 표면 거칠기 측정은 제품의 규격 통제에 있어서 가장 효율적인 방법 중의 하나이다.

일반적으로 표면의 거칠기를 나타내는 방법에는 여러 종류의 파라미터(parameter)가 있지만 국제적으로 주요한 거칠기 파라미터는 KS B ISO 4287을 기준으로 하여 평가 규칙과 절차는 KS B ISO 4288을 기준으로 하여 국제적으로 통일된 표면 거칠기 파라미터를 사용하고 있다.

② 표면 거칠기에 사용되는 용어

2.1 표면 구조

표면(surface)이란 한 물질과 다른 물질의 경계를 이루는 면을 말하며 설계시 기입된 거칠기, 표면의 모양 등을 설계도나 사양서에 기록하는 공칭 표면(normal surface)과 측정기를 사용하여 실제로 측정된 거칠기, 표면의 모양 등을 말하는 실측 표면(measured surface)으로 분류된다.

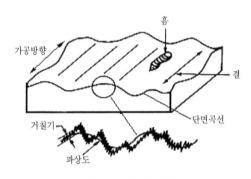

그림 4.1 표면 구조

그림 4.1은 표면 구조(surface texture)를 나타낸 것으로 표면 구조는 파상도, 거칠기, 흠(flaw), 결(lay), 단면곡선 등으로 구성되어 있으며 용어를 설명하면 다음과 같다.

① 파상도 : 단면곡선 중에서 비교적 큰 간격으로 나타나는 표면의 기복을 말하며 공작 과정에서 일어나는 여러 변위 즉 진동, 공작 기계와 시료 사이에서 일어나는 자기 이변(chatter) 또는 재료의 열처리 불균일성 등의 원인으로 나타나게 된다.

② 표면 거칠기 : 어떤 가공된 표면에 작은 간격으로 나타나는 미세한 굴곡이며, 주로 공작 과정에서 가공 방법이나 다듬질 방식에 따라 모양과 크기가 다르게 나타난다.

③ 흠 : 비교적 불규칙하게 공작물의 표면에 나타나는 여러 가지 결함으로 긁힌 자

국, 갈라진 틈, 불순물에 의한 작은 구멍 등이 이에 속한다.

④ 결 : 주로 가공 방식에 따라 다르게 나타나는 표면의 주된 무늬 방향을 말하며 촉침식 표면 거칠기 측정기로 거칠기를 측정할 때 일반적으로 설계도 면상에 특별한 지시가 없는 한 거칠기는 결의 직각 방향으로 측정한다.

⑤ 단면 곡선 : 가공방향에 수직한 평면으로 기계부품의 절단하였을 때 그 절단 입구에 나타나는 요철의 곡선으로서 파장이 짧은 미세한 요철과 매우 큰 간격으로 나타나는 파장이 긴 완만한 기복을 포함하고 있다.

2.2 표면 거칠기의 용어

1) 단면곡선 필터(profile filter)

그림 4.2는 거칠기 곡선과 파상도 곡선의 전송 특성을 나타낸 것으로 단면곡선 필터를 설명하면 다음과 같다.

① λs 단면곡선 필터 : 거칠기와 표면에 나타난 훨씬 더 짧은 파장 성분 사이의 교차점을 정의하는 필터

② λc 단면곡선 필터 : 거칠기와 파상도 성분 사이의 교차점을 정의하는 필터

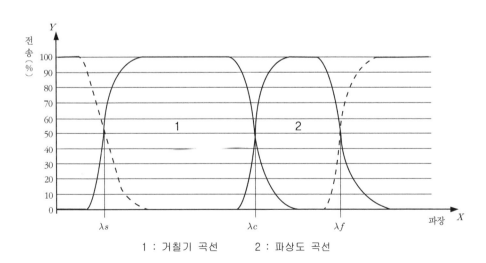

1 : 거칠기 곡선   2 : 파상도 곡선

그림 4.2 거칠기 곡선과 파상도 곡선의 전송 특성

③ λf 단면곡선 필터 : 파상도와 표면에 나타난 훨씬 더 긴 파장 성분 사이의 교차
점을 정의하는 필터

2) 실제 표면

대상면을 직각으로 절단하였을 때 그 단면에 나타나는 윤곽 표면

3) 1차 단면곡선

단면곡선에서 측정한 값을 컷오프값 λs를 적용해서 얻은 곡선으로 P_a, P_z, P_t, P_q
등의 P 파라미터는 1차 단면곡선에서 구한다.

4) 거칠기 단면곡선

λc 단면곡선 필터을 적용해 1차 단면곡선으로부터 장파 성분을 억제하여 의도적으
로 수정한 단면 곡선으로 R_a, R_z, R_t R_q 등의 R 파라미터는 거칠기 단면곡선에서 구
한다.

5) 파상도 단면곡선

λf 단면곡선 필터를 적용해 장파 성분을 억제하고 λc 단면곡선 필터를 적용해 단
파 성분을 억제한 다음 λf 단면곡선 필터와 λc 단면곡선 필터를 1차 단면곡선에 적
용하여 의도적으로 수정한 단면곡선으로 W_a, W_z, W_t, W_q 등의 W 파라미터는 파상
도 단면곡선에서 구한다.

6) 중심선

중심선이란 산과 골의 가운데를 통과하는 직선으로 산을 무너뜨려 골을 채우고 중
심선을 기준으로 위의 면적과 아래의 면적이 대칭이 되는 중심이 되는 선을 말한다.

③ 표면 거칠기의 표시 방법

    기계요소 표면의 거칠기는 여러 형태의 거칠기가 복합적으로 구성되어 있어 거칠기 자체를 하나의 숫자로 표시할 수 없고, 거칠기의 높낮이를 말하는 진폭 크기의 평균이라든가 거칠기 간격의 평균과 같이 통계적으로 처리를 하게 되는데 이와 같이 각각의 통계적인 값을 거칠기 파라미터(roughness parameter)라 한다.

    표면은 복합구조로서 표면 거칠기는 주로 $R_a(P_a,\ W_a)$, $R_z(P_z,\ W_z)$, $R_t(P_t,\ W_t)$ 등으로 가장 많이 표현하지만 표면의 형상을 확실하게 나타내기에는 이것만으로 부족하다. 그러므로 KS B ISO 4287에 따른 단면곡선 파라미터(P-parameter), 거칠기 파라미터(R-parameter), 파상도 파라미터(W-parameter) 등의 표면 거칠기의 표시 방법을 설명한다.

3.1 최대높이 거칠기(R_z)

    그림 4.3과 같이 산과 골의 높이 파라미터로서 거칠기 단면곡선의 기준 길이 내에서 단면곡선의 최대 산높이에서 최대 골깊이 사이의 간격을 세로 배율의 방향으로 측

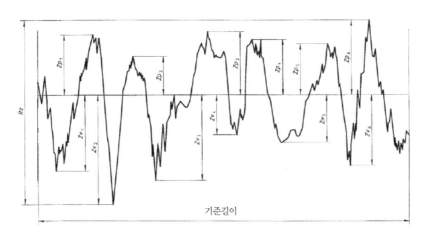

Z_p : 단면곡선의 최대 산높이 Z_v : 단면곡선의 최대 골깊이

그림 4.3 최대높이(R_z) 거칠기

정하여 최대 산높이(Z_p)와 최대 골깊이(Z_v)의 합을 마이크로미터(㎛)로 나타낸 것을 최대높이 거칠기(R_z : maximum height of the profile)라 한다. 그동안 R_z는 10점 평균거칠기로 사용되었으나 1997년 ISO 규격이 개정되면서 10점 평균거칠기는 폐지되었고 현재 사용되는 R_z는 최대높이 거칠기로 사용되고 있다.

3.2 단면곡선의 전체높이(R_t)

그림 4.4과 같이 산과 골의 높이 파라미터로서 단면곡선의 전체높이는 평가 길이 내에서 단면곡선의 최대 산높이와 최대 골깊이의 합을 마이크로미터(㎛)로 나타낸 것을 단면곡선의 전체높이(R_t : total height of profile)라 한다. 여기서 평가 길이는 표준이 기준길이의 5배 되는 길이이며 윤곽 곡선에 대해 $R_t \geq R_z$, $P_t \geq P_z$, $W_t \geq W_z$ 등의 관계가 성립되고 P_z가 P_t와 동일한 경우 P_t의 사용을 권장한다.

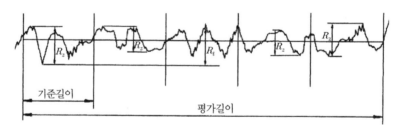

그림 4.4 단면곡선의 전체높이(R_t)

3.3 산술 평균 거칠기(R_a)

그림 4.5는 높이 방향의 파라미터로서 산술 평균 거칠기는 기준 길이 내에서 평균선 방향에 X축을 세로 배율의 방향에 Z축을 나타내어 거칠기 곡선을 $Y = Z(x)$로 하여 다음 식에 따라서 구해지는 값을 마이크로미터(㎛)로 나타낸 것을 산술 평균 거칠기(R_a : arithmetical mean deviation of the assessed profile)라 한다.

$$P_a,\ R_a,\ W_a = \frac{1}{l}\int_0^l |Z(x)|\, d_x \ \text{(경우에 따라서 } l \text{은 } l_p,\ l_r,\ l_w \text{이다.)}$$

R_a는 국제적으로 가장 많이 사용되는 표면 거칠기 표시 방법으로서 컷오프값(λc)의 표준값은 0.08㎜, 0.25㎜, 0.8㎜, 2.5㎜, 8㎜ 등의 5종류가 있다.

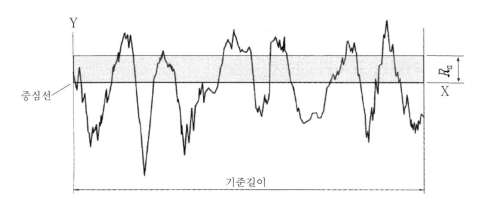

그림 4.5 산술 평균 거칠기(R_a)

표 4.1 산술 평균 거칠기의 기준길이와 평가길이

Ra의 범위(㎛)		기준길이	평가길이
초과	이하	(mm)	(mm)
(0.06)	0.02	0.08	0.4
0.02	0.1	0.25	1.25
0.1	2.0	0.8	4
2.0	10.0	2.5	12.5
10.0	80.0	8	40

3.4 제곱 평균 평방근 높이(R_q)

높이 방향의 파리미디로서 기준 실이 내에서 세로 좌표값 $Z(x)$의 제곱 평균 평방근값으로 제곱근 평균 방법을 사용하여 나타낸 것을 제곱 평균 평방근 높이(R_q : root mean square deviation of the assessed profile)라 하며 지금까지는 R_q을 RMS로 사용되었다.

$$P_q,\ R_q,\ W_q\ =\ \sqrt{\frac{1}{l}\int_0^l Z^2(x)dx}$$

④ 표면 거칠기 표시와 다듬질 기호

표면 거칠기를 기호로 표시하는 것은 면의 지시 기호 또는 다듬질 기호로 나타내므로 표면의 상태를 기호로 표시하기 위한 면의 지시 기호의 지시 사항은 산술 평균거칠기의 값, 가공방법의 약호, 기준길이, 컷 오프값, 가공모양의 기호, 다듬질 여유 기입, 평균거칠기 이외의 표면 거칠기의 값, 표면 파상도 등으로 되어 있어 표시하면 그림 4.6과 같다.

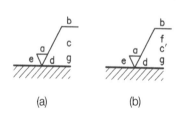

a : 거칠기의 값
b : 가공방법의 문자 또는 기호
c : 컷 오프값, 평가길이
c' : 기준길이, 평가길이
d : 가공모양의 기호
e : 다듬질 여유
f : 거칠기 이외의 표면 거칠기의 값
g : 표면 파상도

(a)　　　　　(b)

그림 4.6 면의 지시 기호에 대한 각 지시 사항의 위치

표면에 기계 가공으로 재료의 면을 제거 가공을 요구하는 지시 기호(▽), 재료의 면을 제거 가공을 허용되지 않을 때의 지시 기호(◁̷), 제거 가공의 필요 여부를 묻지 않을 때의 지시 기호(√)로 한다.

면의 지시 기호를 사용하여 표면의 가공모양의 기호를 도시하는 것이 바람직하며 다듬질 기호는 도면에 되도록 사용하지 않는 것이 좋다. 표 4.2는 다듬질 기호를 사용한 표면 거칠기의 구분값을 나타낸 것이다.

표 4.2 다듬질 기호를 사용한 표면 거칠기의 구분값

가공 정도	기 호		표면 거칠기의 구분값(ISO 1302)
	다듬질 기호(R_a)		R_a
초정밀 표면	▽▽▽▽	$\overset{z}{\triangledown}$	0.2a (N4)
정밀 표면	▽▽▽	$\overset{y}{\triangledown}$	0.8a (N6)
보통 표면	▽▽	$\overset{x}{\triangledown}$	3.2a (N8)
거친 표면	▽	$\overset{w}{\triangledown}$	12.5a (N10)
가공 그대로	∼	$\overset{}{\triangledown}$	특별히 규정하지 않는다.

가공방법의 약호와 가공모양의 기호는 표 4.3, 4.4와 같이 나타낸다.

표 4.3 가공방법의 약호

가공 방법	약 호		가공 방법	약 호	
	I	II		I	II
선 반 가 공	L	선 반	버프다듬질	FB	버 프
밀 링 가 공	M	밀 링	호닝 가공	GH	호 운
연 삭 가 공	G	연 삭	액체호닝가공	SPL	액체호닝
드 릴 가 공	D	드 릴	줄 다듬질	FF	줄
브로치 가공	BR	브로치	주 조	C	주 조
리이머 가공	FR	리이머	래핑	FL	랩

표 4.4 가공모양의 기호　　　　　　　　　　　　　　　(KS A ISO 1302)

기호	의 미	설명도
=	가공에 의한 커터의 방향이 기호를 기입한 그림의 투상면에 평행 보기 : 선삭 가공면, 연삭 가공면	
⊥	가공에 의한 커터의 줄무늬 방향이 기호를 기입한 그림의 투상면에 직각 보기 : 선삭 가공면, 연삭 가공면	

기호	의미	설명도
X	가공에 의한 커터의 줄무늬 방향이 기호를 기입한 그림의 투상면에 경사지고 두 방향으로 교차 보기 : 호닝 다듬질면	
M	가공에 의한 커터의 줄무늬가 여러 방향으로 교차 또는 무방향 보기 : 래핑 다듬질면, 엔드밀 절삭면, 수퍼피니싱면	
C	가공에 의한 커터의 줄무늬가 기호를 기입한 면의 중심에 대하여 대략 동심원 모양 보기 : 끝면 절삭면	
R	가공에 의한 커터의 줄무늬가 기호를 기입한 면의 중심에 대하여 대략 방사상 모양 보기 : 단면 연삭면	
P	줄무늬 방향이 특별하며 방향이 없거나 돌기 보기 : 방전 가공면, 초정밀 다듬질면	

⑤ 표면 거칠기 측정 방법

5.1 표준편에 의한 방법

표면 거칠기 측정기는 현장에서 손쉽게 취급하기가 불편하며 또한 고가로 인하여 촉감, 시각 등 우리들의 감각에 의해 표면 거칠기를 비교 측정하는 경우가 많으므로 이 때 사용되는 것이 표면 거칠기 표준편이다. 표면 거칠기 표준편에는 촉감, 시각 등에 의해서 비교할 때 표준이 되는 표면 거칠기 견본의 비교용 표준편과 공작 현장이나 검사실에서 측정기의 검사, 점검 등을 위해 사용하는 표면 거칠기 견본으로서 검사용 표준편이 있다.

1) 비교용 표준편과 비교 측정방법

표 4.5는 표면 거칠기 구분치에 따른 비교 표준편의 범위를 나타낸 것으로 그 범위는 KS B 0507에 의한 것으로 최대 높이 거칠기(R_z)에서 S로 표시하는 방법과 거칠기 번호로 표시하는 방법은 폐지되었으며 또한 산술 평균 거칠기(R_a)에서 a로 표시하는 방법과 거칠기 번호로 표시하는 방법은 폐지되었기에 표에 나와 있는 데이터는 참고 자료이다.

표 4.5 표면 거칠기 구분치에 따른 비교 표준편의 범위

(a) 최대 높이거칠기

거칠기 구분치		0.1S	0.2S	0.4S	0.8S	1.6S	3.2S	6.3S	12.5S	25S	50S	100S	200S
표면거칠기의 범위(μm R_z)	최소	0.08	0.17	0.23	0.66	1.3	2.7	5.2	10	21	42	83	166
	최대	0.11	0.22	0.45	0.90	1.8	3.6	7.1	14	28	56	112	224
거칠기 번호		SN 1	SN 2	SN 3	SN 4	SN 5	SN 6	SN 7	SN 8	SN 9	SN 10	SN 11	SN 12

(b) 산술 평균거칠기

거칠기 구분치		0.025a	0.05a	0.1a	0.2a	0.4a	0.8a	1.6a	3.2a	6.3a	12.5a	25a	50a
표면거칠기의 범위(μm R_a)	최소	0.02	0.04	0.08	0.17	0.33	0.66	1.3	2.7	5.2	10	21	42
	최대	0.03	0.06	0.11	0.22	0.45	0.90	1.8	3.61	7.1	14	28	56
거칠기 번호		N 1	N 2	N 3	N 4	N 5	N 6	N 7	N 8	N 9	N 10	N 11	N 12

5.2 촉침식 측정기

1) 촉침식 측정기의 구조

그림 4.7은 촉침식 측정기를 나타낸 것으로 표면거칠기 측정법의 대표적인 측정기이며 피측정면의 표면에 수직으로 움직이는 촉침으로 표면을 가로질러 긁으면 픽업(pick up, probe)은 상하 변위량을 전기적 신호로 변환시킨 신호를 증폭기에서 증폭되어 기록된 신호를 기록계에 지시하여 읽는다.

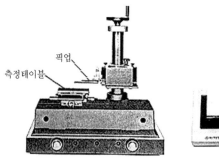

픽업

측정테이블

그림 4.7 촉침식 측정기

촉침(stylus)의 크기와 모양은 거칠기 측정에서 매우 중요한 요소가 된다. 촉침의 형태는 그 끝이 원추형으로 된 것과 끝이 편편하게 된 피라미드형으로 마모에 잘 견딜 수 있는 고경도의 다이아몬드, 사파이어 등으로 만들어진다. 원추형 촉침은 그 각도가 60°이고 촉침 반경은 2㎛, 5㎛, 10㎛ 등이며 표면의 소성변형과 표면을 보호하기 위하여 측정력은 0.75mN(0.00075N) 이하로 한다. 촉침이 표면의 형상을 추적하도록 되어 있기 때문에 프로브(픽업)의 이동선이 표면에 평행하도록 수평 조절이 되어야만 한다. 촉침식 측정기의 구성도는 일반적으로 확대장치, 이송장치, 검출부, 기록장치, 지시장치 등으로 구분할 수 있다.

(1) 측정 방법

① 알맞은 촉침을 선택하여 고정시키고 측정기 전원스위치를 ON한다.

② 시편을 깨끗이 닦은 후 시편의 가공 방향이 촉침 이동방향과 직각이 되게 하고 측정면이 수평이 되도록 조절하여 고정시킨다.

③ 측정할 파라미터의 종류와 기준 길이를 선택한다.

④ 수평 배율 또는 이송 속도를 선택한다.

⑤ 수직 배율을 가장 낮은 위치에 두고 촉침 위치 표시 지침이 중앙에 위치하도록 촉침의 접촉을 조정하면서 필요한 범위까지 확대해간다.

⑥ 그림 4.8과 같이 출력신호 손잡이를 조절 후 측정하여 기록한다.

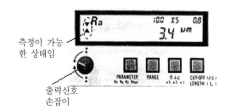

측정이 가능
한 상태임

출력신호
손잡이

그림 4.8 표면 거칠기 측정기의 액정 표시

5.3 현미 간섭식 측정기

빛의 간섭을 이용하여 피측정면의 거칠기를 측정하는 원리로서 비접촉식이므로 표면을 상하게 하거나 변형시키지 않고 표면을 2차원적으로 볼 수가 있고 사용 광원의 파장이 정확하기 때문에 교정이 필요 없다는 장점이 있으나 단점으로서는 요철의 높이가 1㎛ 이하의 매우 좋은 표면에서만 사용할 수 있고 진동에 매우 민감하므로 연구 실용으로 적당하다.

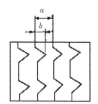

그림 4.9 현미 간섭식 측정기의 간섭무늬

그림 4.9는 현미 간섭식 측정기의 간섭무늬를 나타낸 것으로서 사용한 파장을 λ, 간섭무늬 폭을 a, 간섭무늬의 휨량을 b라 할 때 거칠기값 R_z는 다음과 같다.

$$R_z = \frac{b}{a} \times \frac{\lambda}{2}$$

5.4 광 절단식 측정기

측정방법은 피측정물과 기계적으로 접촉하는 것이 아니고 단면의 형상을 광학적으

로 관측해서 거칠기를 측정하는 방법이다. 그림 4.10은 광 절단식 측정기의 측정방법
을 나타낸 것으로 광원에서 좁은 구멍을 나온 빛을 투사하여 이것을 직각으로 관측하
는 것으로 표면을 광선으로 절단하여 선상에 비추어 표면의 요철부분 형상을 측정 현
미경에서 확대하여 관측하거나 현미경 사진으로 거칠기를 기록한다.

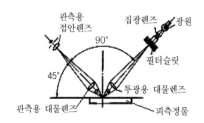

그림 4.10 광 절단식 측정기의 측정방법

　　광 절단식 측정기의 특징은 조작이 간단하며 대단히 연한 재료의 거칠기 측정과 신
속히 측정할 수 있어 공장용으로 적당하고 피측정면의 일반적인 거칠기를 직관상을
주는 단면곡선을 사진으로 촬영할 수 있어 다듬질면 측정용에 적당하다.

1 공구 현미경

공구 현미경(tool maker's microscope)은 광학식 측정기의 일종으로서 현미경에 의해 확대 관측하여 제품의 길이, 모양, 윤곽(profile), 각도 등을 측정하는데 편리한 측정기이다. 이 측정기의 장점은 비접촉 측정이므로 측정력에 의한 영향이 없이 복잡한 형상의 측정도 쉽게 측정할 수 있고 또한 취급이 비교적 쉽다.

길이 측정은 전후, 좌우 방향으로 이동하는 테이블이 움직이는 양을 마이크로헤드와 게이지블록을 사용하여 읽으며 각도 측정은 각도 눈금의 회전 테이블 또는 각도 측정용 접안경을 병용하여 측정할 수 있기에 치공구류 측정, 각종 게이지의 측정, 나사 부위 요소 측정 등 다양한 용도로 사용한다.

1.1 공구 현미경의 구조

공구 현미경을 크게 분류면 관측 현미경과 테이블로 구성되어 있다. 그림 5.1은 공구 현미경의 구조를 나타낸 것으로, 정밀 측정상의 오차를 줄이기 위해 고정된 현미경과 측정 대상물을 올려놓는 이동 테이블로 이루어져 있다. 테이블은 2축의 마이크로미터 헤드에 의해 전후, 좌우의 각각 좌표 방향의 이동이 가능하도록 X축, Y축의 측정 핸들이 설치되어 있어 각도 및 극좌표 측정을 할 수 있다. 또한 테이블 이동량을 읽는 방식에는 마이크로미터 헤드의 눈금을 직접 읽는 방식, 전기식 신호로 바꾸어 읽는 방식, 스케일을 이용하여 직접 스케일의 눈금을 읽는 방식, 광학적으로 읽는 방식 등이 있다.

보통 마이크로미터의 헤드는 최대 이동 범위가 25mm~50mm이므로 측정 범위를 넓히기 위해서는 마이크로미터 스핀들과 테이블 접촉면 사이에 게이지블록, 교정된 강제 막대 등을 끼워 넣어 테이블을 이동시킨 후 끼워 넣은 길이를 합하여 마이크로미터 헤드의 눈금을 읽어 측정한다.

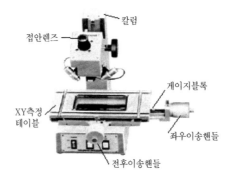

그림 5.1 공구 현미경의 구조

공구 현미경에서 텔레센트릭(telecentric) 광학계의 조리개 특징은 약간의 초점 맞춤의 오차가 발생하여도 투영상의 배율오차가 생기지 않는 광학적 장점이 있으며 조리개 지름은 실험적으로 다음과 같다.

$$D = 0.183F \sqrt[3]{\frac{1}{d}}$$

D : 최적 조리개 지름
F : 콜리메이터 렌즈의 초점거리
d : 측정물의 지름

1.2 부속품

1) 접안렌즈

그림 5.2와 같이 접안렌즈는 대물렌즈에 의해 생성된 중간 실상을 확대하는 것으로 구조상으로 형판접안렌즈, 각도접안렌즈, 이중상접안경 등의 종류가 있다.

① 형판접안렌즈 : 그림 5.2(a)는 형판접안렌즈시야를 나타낸 것으로서 중간 실상면에 표준 도형을 놓아 측정 대상물과 직접 비교할 수 있게 만든 것으로서 각종 나사의 표준형상, 동심원, 기어형상 등이 그려져 있어 나사의 피치 및 산형상, 기어의 이크기 등을 관측할 수 있다.

나사형상시야

(a) 형판접안렌즈   (b) 각도접안렌즈   (c) 이중상접안렌즈

그림 5.2 접안렌즈의 종류

② 각도접안렌즈 : 렌즈에 십자선판이 붙어 있고 그 회전각을 읽도록 눈금이 각인되어 있으며, 그 회전 눈금판에는 1° 분할로 360°의 전범위의 각도 눈금이 각인되어 있다.

③ 이중상접안경 : 구멍 중심의 좌표치 측정 및 작은 구멍의 중심간 거리를 측정할 수 있다.

2) 대물렌즈

일반적으로 대물렌즈의 배율은 3x를 기준으로 1x, 5x, 10x 등의 배율 렌즈가 있으며 초점 맞춤의 다소 오차가 발생하여도 배율오차를 줄이기 위하여 텔레센트릭(tele-centric)광학계를 채용하고 있으며 동작거리가 긴 것이 특징이다.

3) 중심 지지대

나사, 기어, 호브 등을 측정하는 경우에 리드각만큼 경사시키기 위하여 센터 구멍에 지지된 피측정물을 수평을 맞추고 또한 일정 각도로 경사시키기 위한 지지대이다.

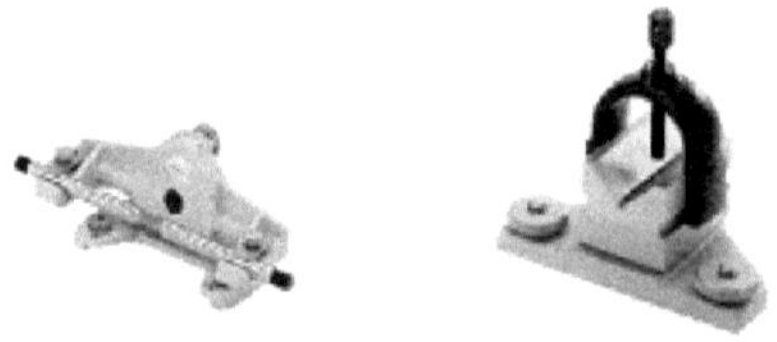

(a) 중심 지지대   (b) V형 지지대

그림 5.3 공구 현미경의 부속품

4) V형 지지대

중심 구멍이 없고 좌우가 같은 지름이 아닌 단차형 환봉 등은 V형 지지대에 지지하여 사용하면 측정이 용이하다.

5) 중심 맞추기 테이블

극좌표 측정에서 테이블의 회전중심과 제품의 회전중심을 합치시키기 위한 것으로 이동할 수 있는 미동장치가 붙어 있다.

6) 기타 부속품

그 외에 수직 측정장치, 광학적 접촉자, 나이프 에지, 데이터 처리장치, 분할 중심 지지대 등이 있다.

1.3 측정 방법

1) 직각 좌표 측정

측정 대상물의 모양에 따라 회전 테이블을 돌려서 측정 대상물의 좌표계 방향과 XY 측정 테이블의 좌표계 방향이 평행이 되도록 조절해서 측정위치에 일치시켜 마이크로미터의 눈금을 읽는다.

2) 중심거리 측정

그림 5.4와 같이 측정하여 중심거리 X 및 Y를 다음 식으로 구할 수 있다.

$$X = \frac{X_1 + X_2}{2} - \frac{X_3 + X_4}{2}$$

$$Y = \frac{Y_1 + Y_2}{2} - \frac{Y_3 + Y_4}{2}$$

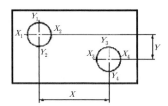

그림 5.4 중심거리 측정

3) 원형의 지름 측정

(1) 십자선을 사용할 경우

① 십자 가로선이 원형의 중심 근처에 놓이도록 테이블을 조정한다.

② 십자 세로선에 원주 끝이 접하도록 한 후 핸들의 좌우 방향 눈금값을 기록한다.

③ 핸들을 이송하여 반대쪽 원주 끝이 접하도록 한 후 좌우 방향 눈금값을 기록한다.

④ 위의 측정을 반복한 후 평균하여 이 평균값의 차이가 지름이 된다.

(2) 이중상섭안경을 사용할 경우

① 시야에 원형이 들어오게 조정한 후 이중상접안렌즈를 써서 두 상이 겹치도록 테이블을 조정하여 좌우 눈금값을 기록한다.

② 좌우 핸들을 이송하여 겹쳐 보였던 상이 분리되면서 분리된 두 원형이 접하도록 조정한 후 좌우 눈금값을 읽어 앞의 눈금과의 차이를 구하면 그 값이 지름이 된다.

4) 극좌표의 측정

극좌표의 중심은 일반적으로 구멍이므로 테이블을 회전하면서 중심을 일치시키고 임의의 회전각에 따라 길이를 측정하면 된다.

5) 테이퍼 측정

정도가 높은 테이퍼 게이지의 측정은 나이프 에지를 사용하면 더욱 좋으며 또한 그림 5.5와 같이 좌표를 측정하여 구배각 α를 다음 식으로 구한다.

$$\tan\alpha = \left(\frac{Y_a - Y_b}{X_a - X_b} + \frac{Y_c - Y_d}{X_c - X_d} \right) \Big/ 2$$

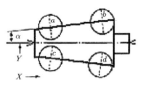

그림 5.5 테이퍼 측정

6) 나사의 피치 측정

일반적으로 소형 나사는 형판 접안렌즈에 의해 피치 측정을 하는 것이 보통이며 초점을 정확히 맞춘 다음 센터 지지대에 의해 리드각 만큼 기울인 후 형판 접안렌즈의 기준산형을 나사의 플랭크에 일치시켜 읽는다. 나사의 리드각은 다음 식으로 구할 수 있다.

$$\tan\beta = \frac{P}{\pi d_2}$$

β : 나사의 리드각

P : 피치

d_2 : 나사의 유효지름

② 투영기

2.1 투영기의 원리

투영기(profile projector)는 광학적으로 확대하여 그 상을 스크린상에 투영하고 물체의 형상이나 치수 등의 측정을 하기 위한 광학측정기이다.

기본적인 원리는 광원, 집광렌즈, 투영렌즈, 스크린 등의 4요소로서 광원에서 나온 빛은 집광렌즈를 통하여 평행 광선이 되고 집광렌즈와 투영렌즈 중간에 위치한 피측정물을 비추어 투영렌즈에 의해 확대된다. 이때, 평면도가 좋은 반사경을 사용하여 광로를 굽혀 측정하기 쉬운 위치에 있는 스크린에 상을 맺도록 하여 스크린의 피측정물의 확대상을 측정한다.

윤곽을 측정할 때는 투영 배율이 정확해야 함으로 초점을 맞추는데 오차가 생기지 않는 텔레센트릭(telecentric) 조명법을 사용한다.

투영기의 종류는 광원의 위치에 따라 상향식(V형), 수평식(H형), 하향식(D형) 등으로 구분한다.

2.2 투영기의 종류

1) 상향식(V형) 투영기

상향식 투영기는 일명 수직형 투영기라고도 하며 그림 5.6과 같이 윤곽조명장치가 재물대의 아래에 위치하여 조명광속이 아래에서 위로 수직 상승하게 되어 있다.

이 투영기의 주요 부분은 윤곽조명장치, 표면조명장치, 재물대, 투영렌즈, 스크린 등으로 2개의 반사경에 의해 광로를 꺾어 측정에 편리한 위치에 스크린이 장착되어 있다. 이 형식의 투영기는 재물대와 스크린의 배치가 좋고 조작이나 스크린의 관찰이 편리하나 대형의 피측정물도 검사할 수 있는데 프레스 부품, 프린트 기판과 같은 판모양 부품의 측정에 가장 적합하다.

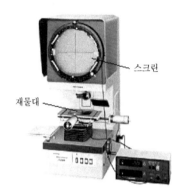

그림 5.6 상향식(V형) 투영기

2) 수평식(H형) 투영기

수평식 투영기는 그림 5.7과 같이 윤곽조명광
학장치로부터 나오는 광속이 수평으로 입사하
여 재물대 위의 피측정물을 비추어주게 되어 있
다. 주요 부분은 다른 형식의 투영기와 동일하
나 재물대의 가운데를 조명광속이 통과하기 때
문에 이 형은 대형이고 견고함으로 대중량 물체
의 검사에 적합하다.

그림 5.7 수평식(H형) 투영기

3) 하향식(D형) 투영기

하향식 투영기는 일명 데스크형 투영기라고도
하며 그림 5.8과 같이 윤곽조명광학장치가 재물
대의 위쪽에 위치하여 윤곽조명광속이 위에서
아래로 통과하도록 되어 있다. 주요 부분은 상향
식 투영기와 동일하나 1개의 반사경으로 광로를
변경시켜 스크린에 투영시키고 있으며 이 형식
의 투영기는 관찰이 쉬운 위치에 스크린이 놓여
있으므로 스크린 위에서의 투영상의 측정이 편

그림 5.8 하향식(D형) 투영기

리하기에 주로 측정 물체가 작고 가벼운 시계부품, 전자부품 등을 측정하는 데 편리하다.

2.3 측정 방법

1) 각도 측정

템플릿에 의한 방식으로 나사산의 각도를 측정할 수 있으나 스크린의 십자선을 사용하는 것이 훨씬 간단하다. 그림 5.9는 스크린의 십자선에 의한 나사산의 각도 측정을 나타낸 것으로 측정하고자 하는 나사산의 한쪽 측면을 스크린의 십자선에 맞추어 각도를 읽은 후 반대쪽 측면에 십자선을 맞추어 각도를 읽어서 앞에서 읽은 각도와의 차이를 계산하면 나사산의 각도가 된다. 각도 측정을 하는 경우에 스크린의 십자선과 투영상을 완전히 일치하지 않게 약간의 틈새가 생기도록 평행되게 맞추어 비교 측정한다. 이것은 틈새없이 일치되게 맞추어 측정하는 것보다 식별 능력이 2~3배 우수하기 때문이다.

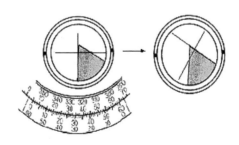

그림 5.9 스크린의 십자선에 의한 각도 측정

2) 템플릿에 의한 측정

그림 5.10은 템플릿의 실물로서 투영 스크린에 피측정물을 어떤 확대 치수로 그린 윤곽을 템플릿(template)이라고 하며, 이 템플릿과 투영상을 직접 겹쳐서 비교 검사하면 각 부분의 오차를 아주 편리하게 측정할 수 있다.

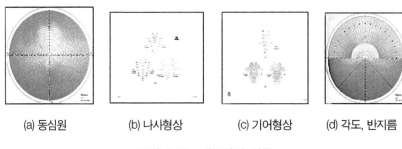

(a) 동심원   (b) 나사형상   (c) 기어형상   (d) 각도, 반지름

그림 5.10 템플릿의 실물

3) 눈금자에 의한 측정

스크린 위의 투영상은 보통 유리제 표준자를 직접 스크린에 접촉시켜 측정한다. 이 때 스크린의 투영상을 0.2㎜까지 읽을 수 있다면 배율이 20배인 투영렌즈를 사용하였을 때는 10㎛, 50배일 경우에는 4㎛까지 치수를 측정할 수 있다.

4) 직각 좌표 측정

재물대를 이용하여 X방향이나 Y방향으로 이동시켜 피측정물을 스크린에 투영한 다음 스크린의 십자선에 피측정물의 측정 기준면에 합치시킨 후 직각 좌표 방향으로 이동하여 측정하려고 하는 측정부위에 합치된 다음에 이 이동량을 재물대에 붙어 있는 마이크로미터나 리니어스케일 등을 이용하여 측정하는 방법이다.

5) 나사 측정

투영기로서 나사의 측정대상은 외경, 골지름, 유효지름, 피치, 나사산의 각도 등을 측정할 수 있다. 나사산의 각도 측정은 중심 지지대를 이용하여 리드각에 상당하는 각만큼 경사시킨 다음에 측정하려고 하는 나사산의 선명한 영상을 맞춘 후 회전스크린을 사용하여 측정한다.

6) 기타 측정

기준 도형(차트)과의 비교 측정, 극좌표 측정, Z방향의 치수 측정 등이 있다.

2.4 사용상의 관리

　설치 환경은 진동, 먼지, 습도 온도차 등이 적은 장소로서 항온, 항습이 되는 장소에 설치하는 것이 좋으며 투영기의 교정관리는 테이블 윗면에 표준자를 놓고 그 투영상을 스크린의 중심을 원점으로 하여 표준자로 측정하여 얻어진 배율과 호칭 배율과의 오차를 백분율로 나타내며 배율오차는 다음과 같다.

$$\triangle V = \frac{V - V_0}{V_0} \times 100 (\%)$$

$\triangle V$: 배율 오차

V_0 : 호칭 배율

V : 실측 배율

나사 및 기어 측정

CHAPTER 06

1 나사의 측정

나사(screw)는 둥근 막대에 나선의 높은 부분을 갖게 한 것으로서 막대 중심선을 포함한 단면에 있어서 홈과 홈 사이의 높은 부분을 나사산이라고 하며 나사산의 단면 모양에 따라 삼각나사, 사각나사, 사다리꼴나사, 톱니나사 등으로 분류한다. 나사는 호환성이 요구되므로 여러 나라에서 나사의 모양, 지름, 피치 등에 대하여 표준 규격화하고 있으며 우리나라에서는 한국공업규격(KS)으로 규정되어 있다.

그림 6.1은 미터나사의 각부 명칭으로서 사용되는 용어의 뜻은 다음과 같다.

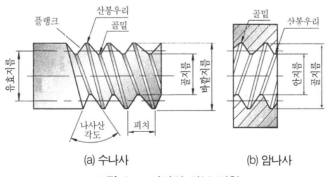

(a) 수나사   (b) 암나사

그림 6.1 나사의 각부 명칭

① 수나사의 바깥지름 : 수나사의 산마루에 접하는 원통의 지름으로서 나사의 크기를 나타낸다.

② 유효지름 : 나사산의 두께와 골의 간격이 같은 가상적인 원통의 지름으로 바깥지름과 골지름의 평균지름으로 나타낸다.

③ 플랭크 : 나사산의 산마루와 골밑을 연결하는 면

④ 피치 : 서로 인접한 나사산과 나사산 사이의 거리이다.

⑤ 리이드 : 나사를 1회전시킬 때 나사산의 축방향으로 이동한 거리이다.

1.1 나사의 측정 요소

나사에 있어서 수나사와 암나사가 끼워맞춤이 되려면 우선 피치와 산의 반각이 같아야 되지만 실제에 있어서 제작상의 오차가 따르게 된다. 그러나 이들의 오차는 단독으로 발생하는 일은 없고 서로 관련되어 있다. 일반적으로 수나사의 정도를 검사하기 위해서는 다음과 같은 부분을 측정한다.

① 바깥지름(outside diameter)

② 골지름(full diameter)

③ 유효지름(effective diameter, pitch diameter)

④ 피치(pitch)

⑤ 산의 각도

1.2 삼각나사의 측정

1) 수나사의 유효지름 측정

(1) 삼침법(three wire method)에 의한 방법

나사 게이지와 같이 정도가 높은 나사의 유효지름 측정에 3침법(3선법)이 사용되며 그림 6.2와 같이 지름이 같은 3개의 와이어를 나사산의 골에 끼운 상태에서 와이어의 바깥쪽을 마이크로미터로 측정하여 계산하면 가장 정밀한 유효지름을 측정할 수 있는 방법이다.

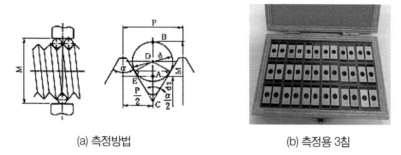

(a) 측정방법   (b) 측정용 3침

그림 6.2 삼침법에 의한 방법

따라서 나사의 피치를 P, 3침의 지름을 d, 나사산의 각도를 α, 마이크로미터의 읽음값을 M, 유효지름을 d_2라 할 때 다음과 같은 계산으로 유효지름을 구할 수 있다.

$$AB = BD + DC - AC$$

$$BD = \frac{d}{2}, \quad AC = \frac{P}{4}\cot\frac{\alpha}{2}$$

$$DC = \frac{\dfrac{d}{2}}{\sin\dfrac{\alpha}{2}}$$

$$\therefore \ AB = \frac{d}{2} + \frac{\dfrac{d}{2}}{\sin\dfrac{\alpha}{2}} - \frac{P}{4}\cot\frac{\alpha}{2}$$

그러므로

$$d_2 = M - 2AB$$

$$= M - d\left(1 + \frac{1}{\sin\dfrac{\alpha}{2}}\right) + \frac{1}{2}P\cot\frac{\alpha}{2}$$

위 식에서 나사산의 각도를 대입하면 유효지름은 다음 식과 같다.

① 미터나사와 유니파이나사일 경우($\alpha = 60°$이므로)

$$d_2 = M - 3d + 0.866025P$$

② 휘트워어드나사일 경우($\alpha = 55°$이므로)

$$d_2 = M - 3.16568d + 0.960491P$$

그림 6.3은 유효지름 측정을 위한 3침의 지름을 나타낸 것으로서 3침의 굵기는 측정하는 나사의 크기에 따라 바꾸어야 하며 3침의 지름이 유효지름 오차에 영향을 가장 적게 하기 위한 3침의 지름 d는 다음 식과 같다.

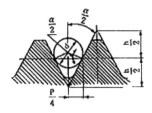

그림 6.3 삼침의 지름

$$d = \frac{P}{2\cos\dfrac{\alpha}{2}}$$

위 식에서 나사산의 각도를 대입하면 3침의 지름은 다음과 같다.

① 미터나사 및 유니파이나사일 경우($\alpha = 60°$ 이므로)

$$d = 0.57735P$$

② 휘트워어드나사일 경우($\alpha = 55°$이므로)

$$d = 0.56369P$$

위 식을 사용하여 측정값을 구하면 지름이 큰 나사에서는 $1\mu\text{m}$, 보통 사용하는 10mm 전후의 나사에서는 $0.2\mu\text{m}$ 이내의 정확한 값을 구할 수 있다.

예제 1 피치 2.5mm의 미터나사에서 최적선경 1.443mm의 삼침을 사용하여 외측거리 20.156 mm를 얻었다면 나사의 유효지름은 얼마인가?

풀 이
$$d_2 = M - 3d + 0.866025 \times P$$
$$= 20.156 - (3 \times 1.443) + (0.866025 \times 2.5)$$
$$\fallingdotseq 17.99\,\text{mm}$$

예제 2 피치 1.5mm의 미터나사에서 유효지름 측정시 가장 적당한 삼침의 지름은?

풀 이
$$d = \frac{P}{2\cos\dfrac{\alpha}{2}}$$
$$= 0.57735 \times P = 0.57735 \times 1.5$$
$$= 0.866\,\text{mm}$$

예제 3 나사 측정에서 삼침을 넣고 외측거리를 측정하였더니 25.157mm, 피치가 2mm이었다. 이때 최적선경을 사용한다면 유효지름을 계산하여라.

풀 이
$$M = 25.157\,\text{mm},\ \ P = 2\,\text{mm},\ \ d = 0.57735 \times P$$
$$d_2 = M - 3d + 0.866025 \times P$$
$$= 25.156 - (3 \times 0.57735 \times 2) + (0.866025 \times 2)$$
$$\fallingdotseq 23.424\,\text{mm}$$

(2) 나사 마이크로미터에 의한 방법

나사 마이크로미터는 작업 현장에서 유효지름의 측정에 가장 널리 사용되고 있으며 보통 외측용 마이크로미터의 앤빌에 V형 홈과 스핀들 끝에 원뿔 모양의 측정자를 붙여 측정부가 나사산 모양에 적합하도록 되어 있고 측정 방법은 보통 마이크로미터와 같다.

측정시에 접촉자와 나사의 축선을 올바르게 맞추지 않으면 실제의 유효지름보다 작아지고 피측정나사의 각도가 너무 크거나 또는 너무 작으면 V형 앤빌의 각도와 원뿔 스핀들의 각도의 차이가 생기므로 이는 모두 유효지름의 측정값이 커지는 결점이 된다.

(a) 나사 마이크로미터   (b) 유효지름 측정

그림 6.4 나사 마이크로미터에 의한 유효지름 측정

(3) 광학적 방법에 의한 측정

나사 측정에 있어서 광학적 측정은 측정력 때문에 생기는 오차가 없으며 대부분 기계적 방법에서 나타나는 반각오차 $\delta\alpha/2$의 영향을 없앨 수 있는 장점이 있다.

나사의 광학적 측정에 사용되는 측정기에는 투영기와 공구현미경이 주로 사용되며 이들 측정기로서 나사의 바깥지름, 골지름, 피치, 나사산의 반각, 유효지름 등을 쉽게 측정할 수 있다.

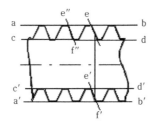

그림 6.5 광학적 방법에 의한 측정

그림 6.5에서 스크린의 십자선을 e, f와 같이 나사의 플랭크면에 합치시킨 다음에 전후이송핸들로 e′, f′로 이동한다. 이 때 마이크로미터 읽음값의 차가 유효지름이다. 또한 바깥지름 측정은 십자선을 나사산 a, b에 합치시킨 후 직각방향으로 a′, b′로 이동하여 마이크로미터 읽음값의 차로 측정할 수 있다.

따라서 피치의 측정은 e, f에서 e″, f″로 이동하여 피치를 측정한다.

2) 암나사의 측정

암나사는 수나사에 비하여 측정하기 힘들고 직경이 작을수록 측정이 곤란하므로 나사 플러그게이지를 사용하면 편리하다. 암나사의 유효지름은 강구를 측정편으로 하여 옵티미터, 비교측정기, 만능측장기 등으로 측정한다. 또한 기준편으로서 노칭(notching)블록과 게이지블록을 조합한 유효지름 측정용 기준편을 사용하여 계산에 의해 유효지름은 구하여진다.

그림 6.6과 같이 암나사의 피치 측정은 만능피치 측정기를 사용하나 일반적으로 측정은 곤란하므로 암나사 부위에 왁스, 유황혼합물, 석고, 구리 아말감 등의 소성 물질을 채워 주형으로 만들어 굳은 다음 수나사와 같은 방법으로 측정한다.

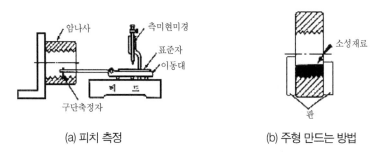

(a) 피치 측정   (b) 주형 만드는 방법

그림 6.6 암나사의 피치측정과 주형 만드는 방법

1.3 테이퍼나사 측정

1) 테이퍼나사 게이지에 의한 측정법

테이퍼 나사의 측정 방법에는 테이퍼나사 게이지에 의한 방법, 공구현미경 또는 만능측정 현미경에 의한 방법, 나이프에지에 의한 방법 등이 있다. 그림 6.7은 테이퍼나사 게이지를 나타낸 것으로서 제품의 합격, 불합격 판정을 검사해야 할 나사에 대해 테이퍼나사 링게이지 또는 테이퍼나사 플러그게이지를 손으로 끼워 맞추었을 때 관 또는 관이음의 끝단이 게이지의 노치 범위 안에 있으면 검사에 합격한 것으로 한다.

그림에서 2c는 테이퍼나사 링게이지의 노치부 길이, 2b는 테이퍼나사 플러그게이지의 노치부 길이이다.

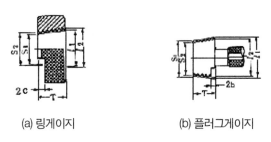

(a) 링게이지   (b) 플러그게이지

그림 6.7 테이퍼나사 게이지

2) 유효지름 측정법

관용 테이퍼나사의 테이퍼는 1/16, 나사산의 각도는 55°이며 유효지름 측정은 작은 지름의 끝면을 아래로 하여 정반 위에 세워 테이퍼나사 플러그게이지의 나사홈에 측정침을 두고 또 보조판(게이지블록) 및 롤러를 접촉시켜 롤러의 외측 거리를 측정한 다음 작은 지름 및 큰 지름의 끝면에 있어서의 유효지름을 계산에 의해 각각 구하여 진다.

② 기어의 측정

동력 전달에 있어서 접촉면에 이를 깎아 서로 물리게 함으로써 미끄럼없이 회전력을 전달시키는 것으로 축간 거리가 비교적 짧은 두 축 사이에 일정한 속도비와 강력한 전동이 필요할 때 사용하는 중요한 기계요소이다. 따라서 부정확한 이의 모양을 가진 기어는 회전에 있어서 진동과 소음이 생기고 이의 간섭 및 원활한 운동이 곤란하게 된다. 그러므로 이의 모양은 특히 정확하게 제작되어야 하며 또한 이에 따른 측정 검사도 필요하다.

기어의 측정 요소는 다음과 같다.

① 피치오차

② 치형오차

③ 잇줄방향

④ 이홈의 흔들림

⑤ 이두께오차

⑥ 물림시험

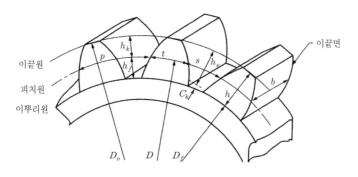

그림 6.8 기어의 각부 명칭

그림 6.8은 기어의 각부 명칭을 나타낸 것으로서 사용되는 용어 중에서 스퍼기어에 대해서 설명하기로 한다.

① 피치원(pitch circle) : 서로 맞물리는 기어에 있어서 회전 접촉하는 접촉점을 피치점이라 하고 피치점에서의 가상의 원을 말한다.

② 이끝원(addendum circle) : 기어의 이끝을 연결한 원

③ 이뿌리원(dedendum circle) : 기어 이의 뿌리면을 연결한 원

④ 이끝 높이(h_k) : 피치원에서 이끝원까지의 높이

⑤ 이뿌리 높이(h_f) : 피치원에서 이뿌리원까지의 높이

⑥ 압력각(α) : 서로 물린 한 쌍의 기어에서 피치원에 있어서 피치원의 공통 접선과 작용선이 이루는 각(14.5°, 20°)

⑦ 기초원 : 인벌류트 이를 만드는데 기초가 되는 원

⑧ 이두께(t) : 피치원에서 측정한 이의 두께

⑨ 이의 크기

    ㉮ 모듈(m) : 피치원의 지름 D(mm)를 잇수 Z로 나눈 값으로 미터단위를 사용한다.

$$m = \frac{D}{Z}$$

같은 지름의 기어에서는 m의 값이 클수록 잇수는 적어지고 이는 커진다. 그리고 스퍼기어에서 바깥지름 D_o는 다음과 같다.

$$D_o = m(Z+2)$$

    ㉯ 지름피치(D_p) : 잇수 Z를 피치원의 지름 D(inch)로 나눈 것으로 인치단위를 사용한다.

$$D_p = \frac{Z}{D}$$

같은 지름의 기어에서는 D_P의 값이 클수록 잇수는 많고 이는 작아진다.

    ㉰ 원주피치(P) : 피치원의 원주를 잇수로 나눈 것으로 미터단위와 인치단위를 사용한다.

$$P = \frac{\pi D}{Z}$$

같은 지름의 기어에서는 P의 값이 클수록 잇수는 적어지고 이는 커진다.

2.1 기어의 오차 측정

기어의 오차는 인벌류트 기어 이의 대응 치면에 관한 정밀도 방식을 규정하는 것으로서 표 6.1과 같이 기어의 피치오차에는 단일피치오차, 인접피치오차, 누적피치오차,

법선피치오차, 최대피치오차 등이 있으며 용어의 뜻은 다음과 같다.

표 6.1 각국의 정밀도 규격 피치오차의 항목

독일 규격	한국 규격	미국 규격	영국 규격	러시아 규격
단일피치오차	단일피치오차		단일피치오차	
				최대피치오차
인접피치오차	인접피치오차	인접피치오차		
누적피치오차	누적피치오차	누적피치오차	누적피치오차	누적피치오차
법선피치오차	법선피치오차			법선피치오차

1) 피치 오차(pitch deviations)

① 단일피치오차 : 인접한 이의 피치원상에서의 실제 피치와 이론적인 피치와의 차
② 인접피치오차 : 피치원상의 인접한 두 피치의 차
③ 누적피치오차 : 피치원상에서 임의의 두 이 사이의 실제 피치의 합과 이론적인 값의 차
④ 법선피치오차 : 정면 법선피치의 실제 치수와 이론값의 차

2) 원주 피치 오차의 측정

원주 피치 오차의 측정방법에는 직선거리의 측정법, 각도 측정법 등이 있다. 따라서 직선거리의 측정법이란 측정자 및 고정 접촉자를 인접한 피치점에 접촉시켜 이들 사이에서 거리의 편위를 측정하는 방법이며, 그림 6.9와 같이 측정할 때 기어의 회전 중

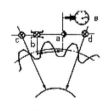
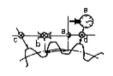
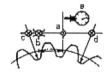

a : 측정자
b : 고정접촉자
c, d : 위치 결정접촉자
e : 측미기

(a) 회전중심 기준   (b) 이끝원통 기준   (c) 이뿌리원통 기준

그림 6.9 직선거리의 측정법

심, 이끝 원통면, 이뿌리 원통면 등이 기준이 된다.

3) 잇줄 방향 오차의 측정

잇줄 방향 오차의 측정법에는 잇줄 창성법, 인볼류우트 헬리코이드 창성모선법, 랙기어 삽입 측정법 및 비교 측정법이 있으며 이 중에서 가장 많이 사용되는 것은 잇줄 창성법이다.

잇줄 창성법의 측정법은 측정 기어의 피치원통 위에 측정자를 접촉시켜 기어의 축 방향으로 측정자 또는 기어를 이동시켜서 측정한다. 헬리컬기어를 측정할 경우에는 측정기에 설치한 기어를 회전시켜 피치원통위의 이론상의 잇줄의 축방향 상당 거리만 큼 측정자 또는 기어를 축방향으로 이동시켜 측정한다.

그림 6.10은 기준원판 방식의 잇줄 방향 오차 측정 방법을 표시하였으며, 기어의 회전각 α에 상당하는 축방향 이동량은 리드를 L이라 하면 $L\alpha/2\pi$이다.

그림 6.10 잇줄 방향 오차의 측정

따라서 피치원 반지름을 r_o, 피치원통 비틀림각을 β_o라 할 때 축방향의 리드 L은 다음 식과 같다.

$$L = 2\pi r_o \cot \beta_o$$

2.2 이두께 측정

1) 걸치기 이두께 측정

인벌류우트 스퍼기어에서는 몇 개의 이를 걸쳐서 측정하는 이두께를 걸치기 이두께의 측정이라 한다. 이 측정 방법은 외측 마이크로미터의 앤빌과 스핀들에 원판형의 플랜지를 붙인 기어 이두께 마이크로미터를 사용하여 측정한다. 기어의 제작 도면에는 걸치기 이두께의 치수가 기입되어 있으며, 제작 완료된 기어는 물론 가공 중에도 규정된 치수로 가공되는지를 측정하여야 한다.

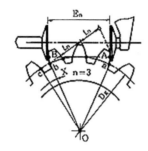

그림 6.11 걸치기 이두께 측정 방법

그림 6.11은 기어 이두께 마이크로미터를 사용하여 걸치기 이두께를 측정하는 것을 나타낸 것으로서 걸치기 잇수를 n, 모듈을 m, 압력각을 α_n, 잇수를 Z, 전위계수를 x 라 할 때 걸치기 이두께의 이론값 E_n은 다음 식으로 구할 수 있다.

$$E_n = m \cos \alpha_n \left[\pi \left(n - 0.5\right) + Z \operatorname{inv} \alpha_n\right] + 2 x m \sin \alpha_n$$

위의 식에서 압력각 $\alpha_n = 20°$, 전위계수 $x = 0$일 때에는

$$E_n = m \left(2.95213 \, n + 0.0140055 \, Z - 1.47606\right)$$

또한 압력각 $\alpha_n = 14.5°$, 전위계수 $x = 0$일 때에는

$$E_n = m \left(3.04152 \, n + 0.0053682 \, Z - 1.52076\right)$$

일반적으로 표준 스퍼기어의 걸치기 이두께 E_n은 위 식에서 구할 수 있으며 만약 모듈 $m = 1$, 압력각 $\alpha_n = 20°$ 및 $14.5°$, 전위계수 $x = 0$이라 할 때 걸치기 이 두께의 값은 표 6.2와 같다.

표 6.2 걸치기 이두께 E_n의 값   ($m = 1$, $x = 0$, $\alpha_n = 20°$, $14.5°$일 때, 단위 : mm)

Z	α_n=20°		α_n=14.5°		Z	α_n=20°		α_n=14.5°	
	n	E_n	n	E_n		n	E_n	n	E_n
6	2	4.5122	2	4.5945	31	4	10.7666	3	7.7702
7	2	4.5262	2	4.5999	32	4	10.7806	3	7.7756
8	2	4.5492	2	4.6052	33	4	107946	3	7.7810
9	2	4.5683	2	4.6106	34	4	10.8086	3	7.7863
10	2	4.5823	2	4.6160	35	4	10.8227	3	7.7919
11	2	4.5823	2	4.6213	36	5	13.7888	3	7.7971
12	2	4.5963	2	4.6267	37	5	13.8028	4	10.8440
13	2	4.6103	2	4.6321	38	5	13.8168	4	10.8493
14	2	4.6243	2	4.6374	39	5	13.8308	4	10.8547
15	2	4.6383	2	4.6428	40	5	13.8448	4	108601
16	2	4.6523	2	4.6482	41	5	13.8588	4	10.8654
17	2	4.6663	2	4.6536	42	5	13.8728	4	10.8708
18	3	7.6324	2	4.6589	43	5	13.8868	4	10.8762
19	3	7.6464	2	4.6643	44	5	13.9008	4	10.8816
20	3	7.6604	2	4.6697	45	5	16.8670	4	10.8869
21	3	7.6744	2	4.6750	46	6	16.8810	4	108923
22	3	4.6884	2	4.6804	47	6	16.8950	4	10.8977
23	3	7.7025	2	4.6858	48	6	16.9090	4	10.9030
24	3	7.7165	2	4.6911	49	6	16.9230	4	10.9084
25	3	7.7305	3	7.7380	50	6	16.9370	5	13.9553
26	3	7.7445	3	7.7434	51	6	16.950	5	13.9607
27	4	10.7106	3	7.7488	52	6	16.9650	5	13.9660
28	4	10.7246	3	7.7541	53	6	16.9790	5	13.9714
29	4	10.7386	3	7.7595	54	7	19.9452	5	13.9768
30	4	10.7526	3	7.7649	55	7	19.9592	5	13.9821

따라서 $m = 1$ 이외의 기어에 대해서는 표의 값에 모듈 m을 곱하면 된다. 그림에서 D_g은 기초원 지름이고 t_n은 법선피치이다.

헬리컬기어에서는 치면에 수직한 방향에서 측정한다. 치직각 압력각을 α_n, 축직각 압력각을 α_s, 치직각 전위계수를 x_n, 치직각 모듈을 m_n, 잇수를 Z라 할 때 걸치기 이두께 E_n은 다음과 같다.

$$E_n = m_n \cos \alpha_n [\pi (n - 0.5) + Z \operatorname{inv} \alpha_s] + 2 x_n m_n \sin \alpha_n$$

위 식에 의하여 계산하고 그리고 기어 이두께 마이크로미터로 측정한 값이 위의 값과 같으면 그 기어는 표준 이 모양을 가진 기어라 할 수 있다.

2) 오버 핀(볼)법

이 측정방법은 기어에서 서로 마주보는 2개의 치홈에 2개의 핀 또는 볼을 그림 6.12와 같이 지름 위에서 짝수 이의 경우는 맞선 이홈을 홀수 이의 경우는 $90°/Z$만큼 기울어진 이홈에 넣어 외부 기어에서는 2개 핀의 바깥쪽 치수를 측정하고 내부 기어에서는 2개핀의 안쪽 치수를 측정하여 이두께를 구한다. 따라서 스퍼기어에서는 다음과 같다.

① 짝수 이의 경우

$$d_m = d_p + \frac{d_g}{\cos \phi} = d_p + \frac{Z m_s \cos \alpha_s}{\cos \phi}$$

d_m : 오버 핀의 치수, d_p : 핀의 지름

α_s : 압력각, Z : 잇수

m_s : 모듈, d_g : 기초원의 지름

② 홀수 이의 경우

$$d_m = \frac{Z m_s \cos \alpha_s}{\cos \phi} \cos \frac{90°}{Z} + d_p$$

따라서 이두께의 값은

$$\operatorname{inv} \phi = \frac{d_p}{Zm\cos\alpha_s} - \left(\frac{\pi}{2Z} - \operatorname{inv}\alpha_s\right) + \frac{2x\tan\alpha_s}{Z}$$

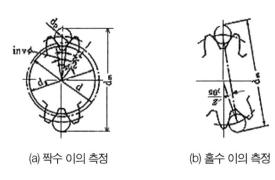

(a) 짝수 이의 측정   (b) 홀수 이의 측정

그림 6.12 오버 핀법에 의한 이두께 측정

3) 활줄 이두께 측정

기어의 피치원상의 활줄 이두께를 기어의 이끝원을 기준으로 직접 측정하는 것으로서 측정치는 이론상의 치수와 비교하여 오차를 구하게 된다. 이두께 측정을 위해 사용되는 이두께 버니어 캘리퍼스는 이의 높이와 그 위치에서의 이두께를 동시에 측정할 수 있는 버니어 캘리퍼스이다.

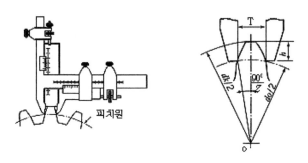

그림 6.13 활줄 이두께 측정

그림 6.13은 활줄 이두께 측정 방법을 나타낸 것으로 모듈을 m, 잇수를 Z, 압력각을 α, 전위계수를 x, 이끝원지름을 d_k, 피치원지름을 d_o라 하면 스퍼기어의 활줄 이

높이 h와 활줄 이두께 T는 다음 식으로 구할 수 있다.

$$h = \frac{mZ}{2}\left[1 - \cos\left(\frac{\pi}{2Z} + \frac{2x\tan\alpha}{Z}\right)\right] + \frac{d_k - d_0}{2}$$

$$T = mZ\sin\left(\frac{\pi}{2Z} + \frac{2x\tan\alpha_o}{Z}\right)$$

일반적으로 표준 스퍼기어의 활줄 이높이 h와 활줄 이두께 T은 위 식에서 구할 수 있으며 만약 모듈 $m = 1$, 전위계수 $x = 0$이라 할 때 표준 스퍼기어의 활줄 이높이 h와 활줄 이두께 T의 값은 표 6.3과 같다.

따라서 $m = 1$ 이외의 기어에 대하여는 표의 값에 모듈 m을 곱하면 된다. 위의 식에서 전위계수 $x = 0$일 때의 식은 다음과 같다.

표 6.3 스퍼기어의 활줄 이두께   ($x = 0$, $m = 1$의 경우, 단위 : mm)

잇수 (Z)	활줄이높이 (h)	활줄이두께 (T)	잇수 (Z)	활줄이높이 (h)	활줄이두께 (T)
12	1.0513	1.566	35	1.0176	1.571
13	1.0474	1.567	40	1.0154	〃
14	1.0440	1.568	45	1.0137	〃
15	1.0411	1.568	50	1.0123	〃
16	1.0385	1.568	60	1.0103	〃
17	1.0363	1.569	70	1.0088	〃
18	1.0342	1.569	80	1.0077	〃
19	1.0324	1.569	90	1.0069	〃
20	1.0308	1.569	100	1.0062	〃
22	1.0280	1.569	120	1.0051	〃
24	1.0257	1.570	150	1.0041	〃
26	1.0237	〃	200	1.0031	〃
28	1.0219	〃	∞	1.0000	〃
30	1.0206	〃			

$$h = \frac{mZ}{2}(1 - \cos\frac{90°}{Z}) + m$$

$$T = mZ\sin\frac{90°}{Z}$$

2.3 기어의 물림 시험

기어의 정도를 종합적으로 시험하는 방법으로서 기어의 물림 시험이 있으며 각종 오차가 아주 작고 정확한 기어를 마스터 기어라 하는데 이 기어와 제작된 기어를 물려서 그 물림 상태를 조사하는 것이다.

기어의 물림 시험에는 크게 정적 물림 시험과 동적 물림 시험으로 구분하며 정적 물림 시험은 한 쌍의 기어를 맞물리고 무부하로 아주 느린 속도로 맞물려서 실시하는 시험을 말한다. 정적 물림 시험은 다음과 같이 분류된다.

① 편측 치면 물림 시험

검사하려는 기어와 마스터 기어를 적당한 틈새를 주어 한쪽 치면만 접촉시켜 고정하여 치면의 각도 전달 오차를 측정하는 방법으로서 또는 중심거리 고정식 물림 시험이라 부른다.

② 양측 치면 물림 시험

검사하려는 기어와 마스터 기어를 틈새 없이 접촉시켜 고정하여 중심거리 변화를 측정하는 방법으로서 또는 중심거리 변화식 물림 시험이라 부른다.

그림 6.14는 물림 시험기에 의한 측정을 나타낸 것이다.

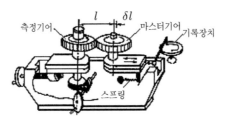

그림 6.14 물림 시험기에 의한 측정

3차원 측정기

3차원 측정기란 3차원 물체의 공간 치수와 형상의 측정 좌표계의 값을 측정자인 프로브(probe)가 서로 직각인 X, Y, Z축 방향으로 움직이고 각 축이 움직인 이동량을 측정장치에 의해 측정자의 공간 좌표값을 읽어 피측정물의 거리, 위치, 윤곽, 형상 등을 측정하는 만능 측정기를 말한다. 3차원 측정기의 본격적인 제작 시초는 1950년에서 1960년 사이에 영국의 Ferranti회사이다.

산업의 발달과 더불어 국내에서도 3차원 측정기에 대한 수요가 급격하게 증가되어 기계, 전자, 화학 등의 전 업종에 필요성은 날로 증가되는 실정이며 컴퓨터를 부착한 3차원 측정기는 테이블 위에 측정물을 고정시키고 기준이 되는 면을 측정자(Stylus)인 프로브(prove)를 접촉시켜 그 위치를 결정하고 기준면으로부터 거리, 각도, 형체의 위치 등을 컴퓨터가 연산하여 복잡한 자유곡면을 연속적으로 신속하게 측정할 수 있다.

표 7.1은 3차원 측정기의 세대별 발전단계를 나타낸 것이다.

표 7.1 3차원 측정기의 세대별 발전단계

구분 세대별	이동거리 측정	구동 방식	정밀도	컴퓨터	측정자	년도	비 교
제1세대	rack and pinion	수동	0.1mm	무	기계식 (hard probe)	1960	layout machine 개조
제2세대	inductosyn scale	수동 또는 조정간	0.01mm	무	전자식접촉 측정자 (touch probe)	1970	디지털식 스케일의 사용으로 정밀 정확도 향상
제3세대	광학식 또는 자기식 scale	조정간 또는 CNC	0.001mm	유	touch probe 또는 scanning probe	1980	디지털식 스케일의 사용으로 정밀 정확도 향상
제4세대	laser 간섭계 또는 초정밀 광학식 scale	조정간 또는 CNC	0.0001mm	유	scanning probe 및 비접촉식	1990	측정기의 오차 보정 가능 CAD데이터를 이용한 off-line programing

① 3차원 측정의 개요

1.1 3차원 측정의 사용 효과

일반적으로 3차원 측정기를 사용하여 얻을 수 있는 효과는 아래와 같다.

① 측정 능률의 향상

보조 치공구가 필요 없으며 피측정물의 설치에 따른 시간 절약과 컴퓨터에 의해 측정결과의 합부 판정이 동시에 된다.

② 복잡한 형상물의 측정이 용이하고 신뢰성이 높다.

③ 종래에 곤란한 측정 문제를 쉽게 해결할 수 있다.

④ 측정에 필요한 동작 행위가 감소됨으로 사용자의 피로가 경감된다.

⑤ 측정력의 균질화로 측정값의 안전성과 정밀도가 높다.

⑥ 각종 데이터 처리의 자동화로 필요한 측정 결과를 얻을 수 있다.

1.2 3차원 측정의 사용 환경

3차원 측정기의 설치 환경은 성능을 충분히 발휘하도록 하려면 20±1℃ 정도의 환경을 만들어 줄 필요가 있다. 습도는 직접적인 영향은 없으나 습도가 높으면 녹의 발생이 쉽고 컴퓨터, 전자기기 등에 나쁜 영향을 주며 공기베어링부에는 수분이 응축해서 원활한 운동을 방해하기 때문에 습도는 65% 이하, 조명은 500Lx 이상, 진동은 0.001mmPP(10Hz 이내) 및 먼지, 소음, 직사광선, 강자계 등이 배제된 장소에서 사용하는 것이 좋다.

1.3 3차원 측정기의 읽음 방식의 분류

① 아날로그(analog) 방식
② 절대(absolute) 방식
③ 디지털 방식
④ 증가(incremental) 방식

1.4 3차원 측정기의 정도 검사

1) 측정 정도를 결정하는 오차 요인

3차원 측정기의 정도 검사는 최근에는 KS규격도 ISO규격을 기준으로 규격화되었으며 정밀도 검사방법은 제작회사로부터 그 검사방법을 배워서 사용하면 편리하다. 정도 검사는 6개월에 1회 정도면 좋다.

3차원 측정기에서 측정 정도를 결정하는 요인은 다음과 같다.
① 부착 스케일의 오차
② 기계의 움직임의 오차
③ 무거운 측정물에 의한 기계의 변형

④ 온도 변화에 의한 오차

⑤ 방향 특성과 프로브 접촉오차

⑥ 스케일 및 기계의 경년변화에 의한 오차

측정 오차 중에서 가장 중요한 것은 계기 본체의 각 축의 안내 운동의 정도와 엔코더스케일(encorder scale)의 오차에 있다. 그러므로 3차원 측정기의 구조와 운동의 특성 등을 알고 사용하면 측정 오차를 다소 줄일 수가 있다.

정도 시험은 다음과 같이 분류한다.

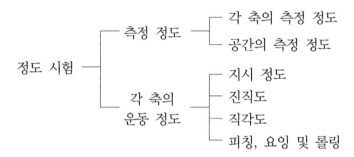

2) 정도 검사

3차원 측정기의 정밀도 검사에는 직각자, 게이지블록, 직선자, 전기마이크로미터 등이 사용되나 현재로는 레이저를 이용한 정밀도 검사가 이루어지고 있으며 특히 대형일 경우에는 아주 유리하다.

그러나 3차원 측정기의 공간 정밀도를 검사하는 기준이 규정되어 있지 않으므로 시험 가능한 항목을 구분하여 관리하는 것이 좋다.

정도 검사는 기본적으로 다음과 같다.

① 각 축의 이송시 진직도

② 각 축의 이송시 직각도

③ 각 축의 반복정밀도

④ 각 축의 지시정밀도

그림 7.1은 3차원의 측정기의 정밀도 검사 항목인 진직도, 직각도, 반복정밀도, 평행도, 지시오차 등에 대한 시험 방법을 나타낸 것이다.

정밀도 구분	검사 항목	참 고 도
진직도	X축 움직임의 진직도 Y축 움직임의 진직도 Z축 움직임의 진직도	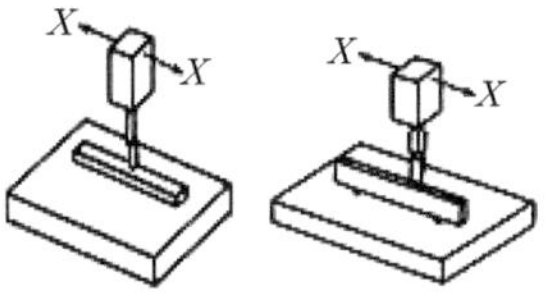
직각도	X축에 대한 Y축의 움직임의 직각도 Y축에 대한 Z축의 움직임의 직각도 X축에 대한 Z축의 움직임의 직각도	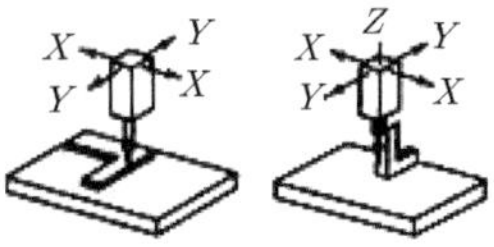
반복 정밀도	X축의 반복정밀도 Y축의 반복정밀도 Z축의 반복정밀도	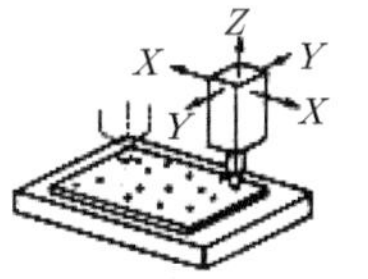
평행도	X, Y축 운동평면에 대한 테이블의 평행도	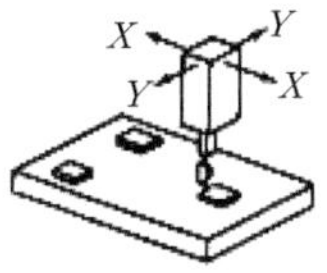
지시오차	X축의 지시 정밀도 Y축의 지시 정밀도 Z축의 지시 정밀도	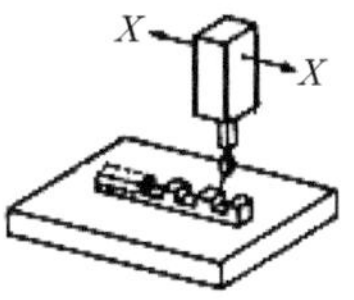

그림 7.1 3차원 측정기의 정도 검사

그러나 측정기가 대형일 경우에는 다음의 시험을 추가하기도 한다.

① 각 축의 피치, 롤(roll), 요(yaw)시험

② 링게이지를 이용한 각 좌표면의 직경과 진원도 측정

③ 임의의 위치에 설치된 게이지블록의 치수 측정

3차원 측정기는 1차원 측정기와는 달리 공간 내에서 좌표결정 기능이 요구되며 그림 7.2는 회전 각도 오차를 나타낸 것으로서 각 축의 구동체가 운동할 때 발생하는 회전 각도 오차인 피칭, 요잉, 로울링 등은 레이저 간섭계, 전기 수준기, 오토 콜리미터 등을 사용하여 측정할 수 있다.

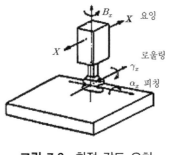

그림 7.2 회전 각도 오차

② 3차원 측정기의 분류

2.1 구조 형태상의 분류

1) 브리지 이동형(moving bridge type)

3차원 측정기 구조 형태 중에서 가장 일반적인 구조이고 그림 7.3과 같이 빔 양팔 구조이므로 휨의 영향이 적으며 비교적 고정밀도를 얻기 쉬운 구조로 일반적으로 가장 많이 사용되는 구조이다.

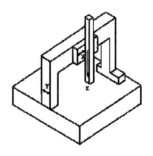

그림 7.3 브리지 이동형

(1) 장점

① 측정기 Y축 안내면을 사용할 수 있다.

② 측정범위가 넓다.

(2) 단점

① 공기베어링이 사용됨으로 하중 변화에 의한 오차가 발생한다.

② 중형이나 대형 기종에서는 수동 조작성이 좋지 않다.

2) 캔틸레버형(cantilever type)

그림 7.4와 같이 고정 테이블형으로 측정기의 3면이 개방된 구조이기 때문에 측정물의 설치 및 해체가 용이하고 측정 테이블보다 큰 측정물도 적재할 수 있는 구조로 중형, 소형, 수동형에 주로 사용된다.

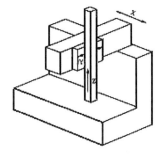

그림 7.4 캔틸레버형

(1) 장점

① 측정 테이블보다 큰 측정물의 설치가 가능하다.

② 측정물의 설치가 편리하다.

(2) 단점

① 외팔 구조이므로 Y축에 휨이 발생하기 쉽다.

3) 갠트리형(gantry type)

그림 7.5와 같이 갠트리형은 매우 넓은 측정 범위를 갖고 있기 때문에 자동차의 차체와 같은 대형 구조물의 측정에 적합한 구조로 그 장단점은 다음과 같다.

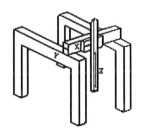

그림 7.5 갠트리형

(1) 장점

① Y축 가이드가 브리지의 무게 중심과 일치함으로 안정적이다.

② 측정범위가 매우 넓다.

(2) 단점

① 초대형의 경우 받침대 없이 설치하도록 되어 있기 때문에 견고한 지반이 필요하다.

4) 수평 암식

이 구조는 보통 layout machine이라 불리는데 다른 3차원 측정기에 비해 정확도가 떨어진다. 따라서 높은 정확도가 필요하지 않고 사용의 편리성이 요구되는 차체나 대형 구조물의 측정에 주로 사용된다.

그림 7.6(a)와 같은 테이블 고정형의 경우 X축 암의 처짐과 Y축 가이드의 짝힘으로 인하여 정확도가 떨어짐으로 이 구조를 보완한 것이 테이블 이동형이다. 그 장단점은 다음과 같다.

(1) 장점

① 측정물 설치가 쉽다.
② 동일 크기에서 측정범위가 넓다.

(2) 단점

① 테이블 이동형의 경우 측정물의 중량에 제한을 받는다.
② 정밀도가 좋지 않다.

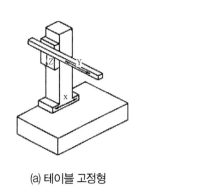

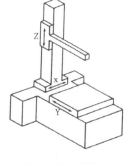

(a) 테이블 고정형   (b) 테이블 이동형

그림 7.6 수평 암식

5) 컬럼형(column type)

컬럼형은 그림 7.7과 같이 고정밀도 3차원 측정기에 채용되고 있는 구조 형태로서 측정 테이블과 새들, 컬럼 및 기타의 구조 부재는 가장 높은 기하학적인 정밀도를 얻을 수 있도록 되어 있는 구조로서 정밀한 기계부품이나 게이지 측정에 적합한 구조이다.

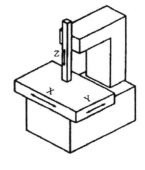

그림 7.7 컬럼형

(1) 장점

① 안내면의 하중 변동에 의한 정밀도 변화가 적다.

② 오버행량의 변동 요인이 거의 없다.

③ 아베의 원리에 부합됨으로 정밀도가 높다.

(2) 단점

① 측정물의 크기와 중량에 제한을 받는다.

6) 고정 브리지형(fixed bridge type)

그림 7.8과 같이 브리지가 Y축으로 이동하는 대신에 측정물이 놓인 측정대가 이동하기 때문에 베어링의 강성을 항상 일정하게 유지시킬 수 있는 구조로서정밀한 기계부품이나 게이지 측정에 적합하다.

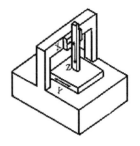

그림 7.8 고정 브리지형

(1) 장점

① 베어링의 강성을 항상 일정하게 유지됨으로 정밀도가 높다.

② 측정범위가 넓고 기계적인 안정성이 유지된다.

(2) 단점

① Y축 방향으로 이동하기 때문에 측정물의 중량에 제한을 받는다.

② 구조가 무거우면 Z축이 X방향 이동에 따른 기계적인 변형이 발생한다.

2.2 조작상의 분류

3차원 측정기의 조작상으로 분류하면 다음과 같다.

① 수동형(floating type) : 프로브를 손으로 잡고 X, Y, Z축에 따라 이동시키면서 조작하여 측정한다.

② 조이스틱형(joystic type) : X, Y, Z축에 모터를 장착시켜 조작 레버를 원격 조작하여 각 가동부의 이동을 제어한다.

③ CNC형(CNC type) : X, Y, Z축에 모터를 장착시켜 사전 작성된 프로그램에 따라 자동 측정하는 측정기이다.

1) 수동형

그림 7.9는 수동형 3차원 측정기의 실물을 나타낸 것으로 이 측정기의 프로브로는 볼프로브, 만능터치신호 프로브, 광학현미경 등을 이용한 비접촉식에 이르기까지 거의 모든 프로브를 사용할 수 있다. 또한 데이터 처리도 간단한 마이크로 프로세스로부터 통계 처리나 윤곽, 형상 등을 처리할 수 있는 미니컴퓨터에 이르기까지 많은 데이터 처리장치가 구비되어 있다. 그러나 수동형 측정기로서 정밀도가 양호한 측정을 하기 위해서 몇 가지 주의할 사항은 다음과 같다.

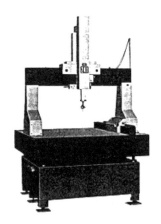

그림 7.9 수동형 3차원 측정기

① 보통 Z축의 스핀들 선단을 이용하여 측정하기 때문에 급격한 가속 상태를 피하고 가능한 일정한 속도로 측정을 해야 한다.

② 접촉식 프로브를 사용할 때는 측정력이 균일하게 작용하도록 한다.

③ 측정자의 피로나 기분 등에 따라 측정치가 나빠지는 결점이 있기 때문에 조작 및 프로그램 활용에 있어서 숙련을 필요로 한다.

2) 조이스틱형

조이스틱형은 각 축이 원격 조작에 의해 이동되므로 Z축 스핀들의 선단 부분을 잡지 않고도 측정할 수 있기 때문에 Z축 스핀들이 흔들릴 필요가 없어서 높은 정밀도를 얻을 수 있다. 그리고 측정시 모터를 이용하기 때문에 축의 이동속도가 일정하게 조절됨으로 반복 정밀도가 향상되고 또한 서로 다른 측정자에 따라 발생하는 개인오차를 줄일 수 있다. 그러나 수동형과 마찬가지로 프로그램 활용에는 숙련을 요하는 결점이 있다.

3) CNC형

그림 7.10은 CNC형 3차원 측정기의 실물을 나타낸 것이며, CNC형 3차원 측정기의 특징은 다음과 같다.

그림 7.10 CNC형 3차원 측정기

(1) 생력화

CNC형은 미리 작성된 프로그램에 의하여 자동으로 측정 및 데이터 처리가 됨으로 다음과 같은 기능이 요구된다.

① 프로브, 측정자 등의 자동 교환

② 프로브의 자세제어

③ 측정물의 자동교환

(2) 능률화와 측정 시간의 단축

① 키(key)조작이 불필요하여 측정점 간격 또는 프로브의 이동속도가 빠르기 때문에 측정시간이 단축된다.

② 컬럼형은 구동계를 이동부의 질량 중심에 설치할 수 있어 이동속도의 고속화로 측정시간이 단축된다.

③ 수동식은 장시간 측정하면 피로가 있지만 CNC식은 측정 능률이 일정하게 되어 전체 측정 시간이 단축된다.

(3) 고정도화

① 가속도와 측정 속도를 조절할 수 있어 프로브의 측정 방향에 따른 오차를 최소화할 수 있다.

② Z축 스핀들의 흔들림이 발생되지 않아 측정 정도를 더 높일 수 있다.

③ 운동축에 대해서 경사 방향으로 측정할 수 있다.

④ 복잡한 측정물은 물론 대량으로 측정됨으로 측정 자동화에도 기여한다.

⑤ 컬럼형은 전체의 강성 유지와 X축 지지대 등의 변형이 적고 또한 Y축 안내부의 중앙에 설치할 수 있어 정밀도 측정이 가능하다.

(4) 일반화

① 수동형은 정도 높은 측정을 위해서는 조작의 숙련과 프로브에 대한 지식 및 데이터 처리에 대한 전문지식이 필요하며 또한 컴퓨터 지식과 프로그램 사용에 창의성이 요구된다.

② 프로그램을 사용함으로 한 사람이 여러 대를 가동할 수 있어 고도의 측정 능률은 물론 조작까지 일반화할 수 있다.

3 구성 요소

3.1 안내 방식

3차원 측정기의 안내 방식은 구름베어링 방식과 공기베어링 방식을 사용하며 프로브의 운동은 X축의 좌우운동, Y축의 전후운동, Z축의 상하운동으로서 정밀도 향상을 위하여 정압 공기베어링을 응용하여 사용한다.

3.2 프로브(probe)

1) 접촉식 프로브

3차원 측정기의 일반적인 프로브로서 그 종류가 많으나 범용으로 사용되고 있는 표준화된 프로브는 위치도, 동심도, 직각도, 등의 형상 정도가 고정도로 제작되고 그 유형은 다음과 같다.

① 볼 프로브 : 많이 사용되는 볼 직경은 $\phi2 \sim \phi10$mm가 많으며 측정부에 볼을 이용해서 치수, 좌표, 윤곽의 측정에 사용된다.

② 테이퍼 프로브 : 테이퍼는 1/5~1/2.5 정도로서 구멍 중심의 좌표를 능률적으로 측정하는데 적당하다.

③ 원통 프로브 : 원통직경은 $\phi2 \sim \phi10$mm가 많이 사용되며 원통 측면부를 이용하여 단면간의 치수 측정이나 날면부를 이용한 곡면 형상 측정에 적합하다.

④ 만능 프로브 : 볼 직경은 $\phi5 \sim \phi15$mm가 많으며 측정자의 자세를 모든 방향으로 설정할 수 있어 경사면상의 구멍 직경이나 중심거리 및 위치 관계 측정에 적합하다.

⑤ 디스크 프로브 : 원판의 직경은 $\phi20 \sim \phi40$mm 정도가 일반적이며 원판 모양의 외경부 또는 두께부를 이용하여 홈의 직경, 오목면간의 치수, 폭 등의 오목한 부위의 측정에 적합하다.

그림 7.11은 일반적인 프로브의 종류를 나타낸 것으로 이 외에 자유곡면 형상을 측정하는 포인트 프로브, 반구 프로브 등의 다양한 각종 프로브가 있다.

(a) 볼 프로브   (b) 테이퍼 프로브   (c) 원통 프로브   (d) 만능 프로브   (e) 디스크 프로브

그림 7.11   일반적인 프로브의 종류

2) 비접촉식 프로브

광학계를 이용한 것으로 접촉시켜 측정하기 곤란하거나 아주 얇은 물체나 연한 물체의 측정, 금긋기 선의 위치 측정, 작은 구멍의 좌표측정, 다양한 단면의 치수 측정에 이용한다.

그림 7.12는 비접촉식 프로브의 대표적인 심출 현미경 및 심출 투영기이며 심출 현미경은 측정에 적합한 각종 배율을 선택해서 사용할 수 있다. 또한 작업성 면에서 보면 심출 현미경보다는 심출 투영기 쪽이 사용하기 편리하며 TV시스템은 측정 조작에 관계없이 정지된 큰 화면에 맞춘 위치를 판독할 수 있다.

(a) 심출 현미경   (b) 심출 투영기

그림 7.12   비접촉식 프로브

최근에는 신속한 측정속도와 큰 측정 범위를 필요로 하는 경우에 사용되며 측정물의 표면에 직접 접촉하지 않으므로 프로브의 마모와 형상변형이 없으며 프로브 크기에 따른 오차 없이 일정한 데이터를 얻을 수 있는 장점이 있다.

3) 정압 접촉식 프로브

3차원 측정기 제작에서 가장 많이 사용하고 있는 프로브로 측정에 있어서 측정자에 측정력이 가해지면 변위하는 기구와 변위를 검출하는 센서가 있으며 변위를 검출하는 신호는 아날로그(analogue)신호와 트리거(trigger)신호가 있다.

그림 7.13은 접촉 신호 프로브로서 측정자의 원리는 수평방향의 방사상으로 돌출한 3개의 핀을 V자로 지지하는 구조로 되어 있고 이 핀을 스프링이 눌러주고 있기 때문에 측정자의 핀은 V홈의 양측 경사면에 6점으로 접촉시켜 그 6점을 직렬로 배선한 회로로 연결되어 측정자의 변위에 있어서 1점 이상이 떨어지면 트리거 신호로 검출된다. 이 구조의 반복 정밀도는 한쪽 방향에 있어서 1㎛ 이하로 높은 정밀도를 유지한다.

그림 7.13 접촉 신호 프로브

④ 3차원 측정기의 측정

4.1 측정조건 설정

1) 측정자의 교정

컴퓨터는 측정에 있어서 사용되는 측정자에 대하여 크기와 상호간에 위치를 알려

주어야 하므로 측정 전에 볼 측정자의 지름을 구하는 방법은 직경을 정확하게 알고 있는 기준구 또는 게이지블록을 사용할 수 있다.

그림 7.14(a)는 기준구를 사용하여 측정자의 볼 지름을 구하는 교정이며 그림 (b)는 게이지블록을 사용하여 측정자의 볼지름을 교정하는 방식을 설명한 것으로 지름 D의 기준구를 측정하면 3차원측정기로 구한 지름은 D_m이기 때문에 측정자볼의 지름 $d = D_m - D$가 된다. 또한 길이 L의 게이지블록을 측정하면 3차원측정기로 구한 길이는 L_m이기 때문에 측정자 볼의 지름 $d = L_m - L$가 된다.

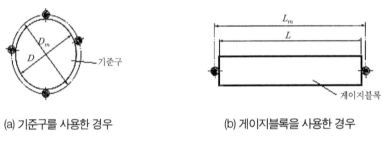

(a) 기준구를 사용한 경우   (b) 게이지블록을 사용한 경우

그림 7.14 측정자의 교정

2) 피측정물의 설치

측정환경과 측정에 있어서 필요에 따라 적당한 방향과 위치를 선택할 수 있으나 기계의 축과 피측정물의 기준면을 일치시키는 것이 좋다. 그림 7.15와 같이 피측정물을 측정할 경우 A면과 3차원측정기의 X축을 대략 일치시켜 측정한다.

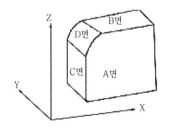

그림 7.15 피측정물의 설치 예

4.2 형상 측정 프로그램

1) 형상 요소의 측정

다양한 형상의 부품에 있어서 원, 평면, 원통 등의 형체의 치수나 위치, 모양 등의 기하학적 형체의 치수를 산출하는데 가장 기본 되는 측정이다.

형상요소의 측정 항목으로서 기계부품은 주로 원, 평면, 원통, 경사 등의 형체로 구성되어 있으며 이러한 형체를 측정하는 것이 데이터 처리의 기본이다.

그림 7.16은 형상요소의 측정 기능을 나타낸 것으로서 점 측정에서부터 테이퍼측정까지 다양한 종류의 측정이 있다.

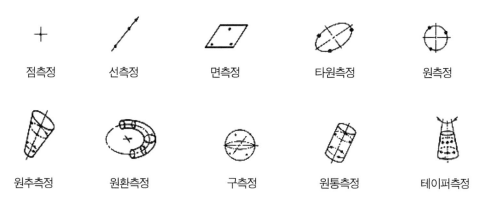

점측정	선측정	면측정	타원측정	원측정
원추측정	원환측정	구측정	원통측정	테이퍼측정

그림 7.16 형상요소의 측정 기능

2) 조합 계산 처리 및 판정

조합 계산 처리란 각 형상요소를 조합하여 교점, 중점, 거리계산, 각도계산과 그 형체요소간의 자세공차, 위치공차인 직각도, 경사도, 평행도, 동축도 등을 계산하여 구하는 기능이다. 조합 및 판정은 측정을 할 때 그 측정 부위의 도면 치수와 공차값을 입력시켜 측정치와 비교하여 판정한다. 이런 조합 계산에서 측정치와 설계치를 자동적으로 비교시켜 오차량을 계산하고 또한 오차가 공차 이내에 들어가는지를 판정하여 그 결과를 출력한다.

그림 7.17은 조합 계산 처리의 기능을 나타낸 것이다.

| 원과 선의 교점 | 축과 축의 교점 | 점 면간의 거리 | 두 원간 거리 | 평면과 축의 교각 |
| 두 직선의 교각 | 원추각 | 직각도 | 동축도 | 평행도 |

그림 7.17 조합 계산 처리의 기능

3) 좌표계 설정 처리

그림 7.18은 좌표계 설정 기능을 나타낸 것으로서 이 기능을 사용하면 측정물의 기준을 산출하는 작업이 불필요해지며 임의의 위치에서 기준면의 보정, 기준축의 보정, 원점과 축의 이동, 축의 회전 등을 세팅시켜 측정의 기준이 되는 좌표계를 단시간에 설정할 수 있다. 그리고 곡면 형상의 윤곽면을 측정하고 연속된 좌표점군 데이터를 표현하여 측정물의 품질을 판단하기 위한 윤곽 측정도 할 수 있다.

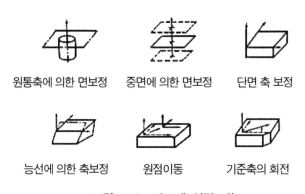

| 원통축에 의한 면보정 | 중면에 의한 면보정 | 단면 축 보정 |
| 능선에 의한 축보정 | 원점이동 | 기준축의 회전 |

그림 7.18 좌표계 설정 기능

형상 및 위치 정도의 측정

1 기하공차의 기초

최근에 자동공작기계가 나오게 됨에 따라 부품의 제작이나 조립을 할 때 보다 정확하고 정밀한 제품이 되도록 하기 위하여 치수 허용차나 표면 거칠기 등과 아울러 모양이나 위치에 대하여 일정한 허용차를 붙일 필요가 있다.

기계 부품의 모양에 기하학적으로 정밀한 공차를 주어 높은 정밀도로 부품을 생산하기 위하여 부품의 모양을 구성하는 형체(feature : 평행부분, 직선부분, 원통부분 등) 위치(position : 구멍의 중심위치, 동일축 또는 동심의 위치 등)에 대하여 엄밀히 규제를 하게 되면 설계자가 요구하는 기하학적인 공차 범위로 가공할 수 있다. 그러므로 대상물의 모양 공차, 자세 공차, 위치 공차, 흔들림 공차 등을 총칭하여 기하 공차(GT : geometrical tolerance)라 하며 표 8.1은 기하 공차의 종류와 그 기호를 나타낸 것이다.

표 8.1 기하 공차의 종류와 그 기호 (KS A ISO 1101)

적용하는 형체	공차 종류		기 호	데이텀 지시 여부
단독 형체	모양 공차	진직도	——	없음
		평면도	▱	없음
		진원도	○	없음
		원통도	⌭	없음
		선의 윤곽도	⌒	없음
		면의 윤곽도	⌓	없음
관련 형체	자세 공차	평행도	//	필요
		직각도	⊥	필요
		경사도	∠	필요
		선의 윤곽도	⌒	필요
		면의 윤곽도	⌓	필요
	위치 공차	위치도	⊕	필요 또는 없음
		동심도 또는 동축도	◎	필요
		대칭도	═	필요
		선의 윤곽도	⌒	필요
		면의 윤곽도	⌓	필요
	흔들림 공차	원주 흔들림	↗	필요
		온 흔들림	⤢	필요

따라서 기하 공차를 사용하게 되면 다음과 같은 장점을 얻을 수 있다.

① 경제적이고 효율적인 생산을 할 수 있다.

② 최대의 제작 공차를 통하여 생산성을 올릴 수 있다.

③ 생산 원가를 절감할 수 있다.

④ 설계 치수 및 공차상의 요구가 명확하게 정해지고 확실해진다.

⑤ 결합 부품 상호간에 호환성을 주고 결합 상태를 보증할 수 있다.

⑥ 기능 게이지를 사용하여 효율적으로 검사 및 측정을 할 수 있다.

⑦ 도면의 안정성과 통일성으로 일률적인 설계를 할 수 있다.

1.1 기하공차의 표시 방법

기하공차의 표시 방법은 그림 8.1(a)와 같이 직사각형의 공차 기입틀 내에서 필요한 사항을 기입하고 규제하려고 하는 형체의 선 또는 면에서 이것의 법선 방향으로 끌어내어 인출선으로 잇는다. 또한 공차 기입틀은 직사각형의 테두리를 그림 (b)와 같이 구분하여 공차 종류의 기호, 공차값과 데이텀을 지시하는 문자기호의 순서로 기입한다.

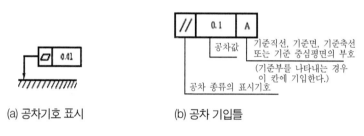

(a) 공차기호 표시   (b) 공차 기입틀

그림 8.1 공차기입의 표시 방법

1.2 최대 및 최소 실체조건

1) 최대실체조건

최대실체조건(MMC : maximum material condition)은 크기를 갖는 구멍, 축, 핀, 홈, 돌출부와 같은 형체가 최내질량의 실체를 갖는 부품형체의 조건을 말한다. 그러므로 규제되는 물건의 부피가 가장 많이 남을 수 있는 공차의 조건을 말하며 최대실체조건의 기호는 Ⓜ으로 표시한다. 최대실체공차방식에 사용되는 용어의 의미는 다음과 같다.

① 최대실체치수(MMS) : 형체의 최대실체상태를 정하는 치수, 즉 외측형체(예를 들면 축 등)에 대해서는 최대허용치수, 내측형체(예를 들면 구멍 등)에 대해서는 최소허용치수이다.

② 최소실체치수(LMS) : 형체의 최소실체상태를 정하는 치수, 즉 외측형체(예를 들면 축 등)에 대해서는 최소허용치수, 내측형체(예를 들면 구멍 등)에 대해서는 최대허용치수이다.

③ 실효치수(VS) : 형체의 실효상태를 정하는 치수, 즉 외측형체에 대해서는 최대허용치수에 자세공차 또는 위치공차를 더한 치수이며 내측 형체에 대해서는 최소허용치수로부터 자세공차 또는 위치공차를 뺀 치수이다.

④ 동적공차선도 : 관련형체에 있어서 공차붙이형체의 치수와 기하공차와의 관계를 나타내는 선도이다.

그림 8.2는 구멍의 최대실체공차의 정의를 나타낸 것이다.

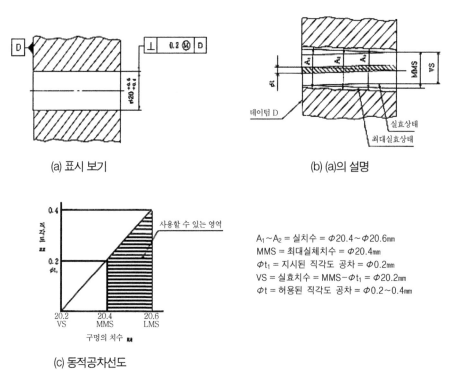

(a) 표시 보기

(b) (a)의 설명

(c) 동적공차선도

$A_1 \sim A_2$ = 실치수 = $\phi 20.4 \sim \phi 20.6$mm
MMS = 최대실체치수 = $\phi 20.4$mm
ϕt_1 = 지시된 직각도 공차 = $\phi 0.2$mm
VS = 실효치수 = MMS$-\phi t_1$ = $\phi 20.2$mm
ϕt = 허용된 직각도 공차 = $\phi 0.2 \sim 0.4$mm

그림 8.2 구멍의 최대실체공차의 정의

2) 최대실체공차의 적용

(1) 직각도 공차의 적용

① 표시(그림 8.3 참조)

㉮ 구멍의 지름이 최대실체치수 $\phi50$일 때 축선은 데이텀 평면 A에 직각으로 ϕ 0.08의 공차역 내에 있어야 한다.

㉯ 구멍의 실체가 데이텀 평면 A에 직각인 실효상태 $\phi49.92=\phi(50-0.08)$를 넘어서는 안 된다.

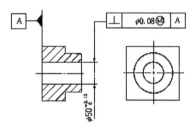

그림 8.3 직각도 공차의 적용

② 설명(그림 8.4 참조)

㉮ 구멍의 지름은 0.13의 치수공차 내에 있어야 한다. 그러므로 $\phi50$과 $\phi50.13$ 사이에서 변동할 수 있다.

㉯ 구멍의 지름이 $\phi50$의 최대실체치수일 때는 그림(a)와 같이 축선은 데이텀 평면 A에 직각으로 $\phi0.08$의 공차역 내에 있어야 한다. 또한 구멍의 지름이 ϕ 50.13의 최소실체치수일 때는 그림(b)와 같이 최대 $\phi0.21$까지의 공차역 내에서 변동할 수 있다.

㉰ 실제의 구멍은 데이텀 평면 A에 직각으로 $\phi49.92$의 완전모양을 가진 내접원통에 의하여 설정되는 실효상태의 경계를 넘어서는 안 된다.

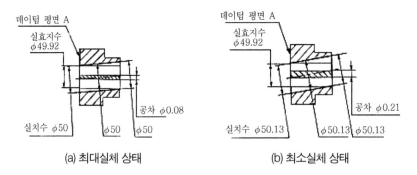

(a) 최대실체 상태   (b) 최소실체 상태

그림 8.4 직각도 공차의 적용

(2) 위치도 공차의 적용

① 표시(그림 8.5 참조)

㉮ 각 구멍의 지름이 최대실체치수 $\phi6.5$일 때 4개의 구멍의 축선은 각각 $\phi0.2$의 위치도 공차역 내에 있어야 한다.

㉯ 위치도 공차역은 서로 규정된 올바른 위치에 있어야 한다.

㉰ 각 구멍의 실효치수는 $\phi6.3 = \phi(6.5 - 0.2)$로서 구멍의 실체는 이것을 넘어서는 안 된다.

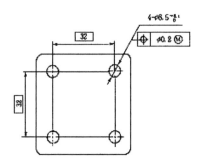

그림 8.5 위치도 공차의 적용

② 설명(그림 8.6 참조)

㉮ 각 구멍의 지름은 0.1의 치수공차 내에 있어야 한다. 그러므로 ϕ6.5와 ϕ6.6
사이에서 변동할 수 있다.

㉯ 구멍의 지름이 최대실체치수 ϕ6.5일 때는 그림(a)와 같이 각 구멍의 축선은
ϕ0.2의 위치도 공차역 내에 있어야 한다. 또한 구멍의 지름이 최소실체치수
ϕ6.6일 때는 그림(b)와 같이 각 구멍의 축선은 ϕ0.3의 공차역까지 변동할 수
있다.

㉰ 위치도 공차역은 서로 규정된 위치에 있어야 한다.

㉱ 4개의 실제 구멍은 규정된 정확한 위치에 있고 ϕ6.3의 완전한 모양의 내접원
통에 의해 설정되는 실효상태의 경계를 넘어서는 안 된다.

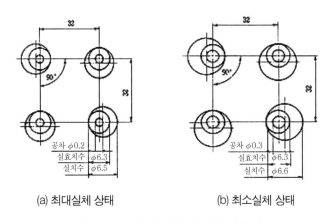

(a) 최대실체 상태　　　　(b) 최소실체 상태

그림 8.6　구멍의 최대 및 최소허용치수

3) 최소실체조건 및 실효치수

최소실체조건(LMC : least material condition)은 형체가 최소실체를 가지는 부품형
체의 치수를 말하며 최소실체조건의 기호는 ⓛ로 표시한다.

축의 경우는 하한치수가 그 축의 최소실체조건의 치수이며 구멍의 경우는 상한치수
가 최소실체조건의 치수이다.

실효치수(virtual size)는 규제된 치수공차와 형상위치공차에 의하여 허용되어 결합되는 부품과 부품이 가장 **빡빡한** 상태로 결합되는 가장 극한에 있는 상태의 치수를 말한다.

예제 1 다음 부품에서 축이 MMC로 치수변화에 따른 허용되는 직각도와 실효치수는 얼마인가?

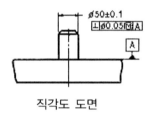

직각도 도면

풀 이 아래 표와 같이 축은 하한치수로 작아질 때 작아진 양만큼 직각도 공차를 추가로 허용한다.

가공된 치수	허용되는 직각도
50.1	0.05
50.05	0.1
50.0	0.15
49.95	0.2
49.9	0.25

실효치수 = 형체의 MMC치수 + 직각도 공차

$$= 50.1 + 0.05$$

$$= 50.15\text{mm}$$

예제 2 규제형체가 MMC일 때 적용되는 위치도 공차가 0.05㎜이다. 구멍이 상한치수 (LMC)일 때 허용되는 위치도 공차는 최대로 0.45㎜까지 허용된다. 치수공차 변화에 따른 위치도 공차를 구하라.

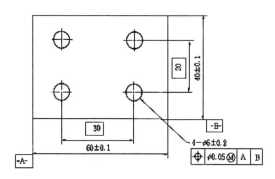

MMC로 규제된 위치도

* 30 : 이론적으로 정확한 치수를 나타내는 표시임.

풀 이 아래 표와 같이 치수공차 변화에 따른 허용되는 위치도 공차

가공된 치수	허용되는 위치도
5.8	0.05
5.85	0.1
5.9	0.15
5.95	0.2
6.0	0.25
6.05	0.3
6.1	0.35
6.15	0.4
6.2	0.45

② 기하공차의 측정

2.1 모양공차

1) 진원도 공차

그림 8.7과 같이 진원도의 정의는 원의 중심에서의 반지름이 이상적인 진원으로부터 벗어난 크기를 말하며 진원도 공차란 원의 표면의 모든 점들이 들어가야 하는 두 개의 완전한 동심원 사이의 반지름상의 거리로 나타낸다.

진원도 측정 방법에는 직경법(2점법), 반경법, 3점법 등이 있으며 이론적으로 가장 좋은 방법은 반경법이고 진원도 측정기는 이 반경법을 사용하고 있다.

공차역의 정의(○)	표시 보기와 해석
대상으로 하는 평면 내에서의 공차역은 t만큼 떨어진 2개의 동심원 사이의 영역이다.	바깥지름 면 임의의 축 직각 단면에서 바깥둘레는 동일 평면 위에서 0.03mm만큼 떨어진 2개의 동심원 사이에 있어야 한다.

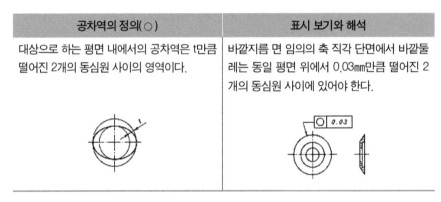

그림 8.7 진원도 공차

(1) 직경법

원형부품의 한 단면의 직경을 여러 방향으로 측정하여 최대치와 최소치의 차로서 진원도를 정의하는 방법이다. 현장에서 가장 널리 사용되고 있는 방법으로 그림 8.8과 같이 원형부분의 직경을 마이크로미터나 버니어캘리퍼스로 측정하여 그 차로 표시한다.

내경인 경우에는 실린더게이지, 콤퍼레이터 등으로 내경을 측정하여 최대치와 최소치의 차를 구한다. 이 방법은 진원도를 쉽고 빠르게 측정할 수 있으나 피측정물의 형상을 정확히 파악할 수 없는 것이 직경법의 가장 큰 단점이다.

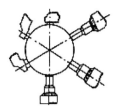

그림 8.8 직경법

(2) 반경법

원형 부분에 있어서 반지름의 최대치와 최소치의 차로 표시하는 방법이다. 그림 8.9와 같이 피측정물을 양 센터에 지지하고 피측정물을 1회전시켰을 때 측미기지침의 최대치와 최소치의 차로써 측정한다.

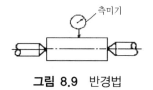

그림 8.9 반경법

직경법이나 3점법은 여러 모순점이 있지만 현장에서 간단하게 측정할 수 있기 때문에 널리 사용되어 왔으나, 반경법은 이론적으로 가장 좋은 방법으로 많이 사용하고 있다.

반경법은 중심의 위치에 따라 진원값의 차이가 있으므로 측정된 형상의 중심을 잡는 법이 필요한데 그 중심을 구하는 방법은 최소 제곱 기준원법, 최대 내접 기준원법, 최소 영역 기준원법, 최소 외접 기준원법 등 4종류가 이용된다.

① 최소 제곱 기준원(Least Square reference Circle, LSCI)법

그림 8.10은 최소 제곱 기준원법을 나타낸 것으로서 구할 평균원과 실측단면과의 반경의 차를 제곱하여 그 제곱의 총합이 최소가 되는 그런 평균원을 구했을 때 그 평균원을 최소자승원이라 하고 그 원의 중심에서 측정단면까지의 최대반경과 최소

그림 8.10 최소 제곱 기준원법

반경과의 차이로 진원도를 정의한다.

장점으로는 중심좌표가 긁힘, 먼지 등에 의한 영향을 받지 않으며 통계처리에서 자주 사용되는 계산법인데 계산이 복잡하여 보통 진원도 측정기기에 부착된 계산기로 구하거나 전기적으로 Fourier해석법을 사용하여 구한다.

② 최대 내접 기준원(Maximum Inscribed reference Circles, MICI)법

그림 8.11(a)와 같이 원형부분을 측정하여 극좌표 기록 도형에 대하여 최대의 내접원을 구하기 위하여 이 중심을 공유해서 도형의 외측에 접하는 원을 그렸을 때 이 내접원의 중심에서 측정단면까지의 최대반경에서 최소반경을 뺀 값으로 진원도를 정의한다. 그러므로 구멍에 꼭 끼워 들어가는 최대 플러그게이지와 관련이 있으므로 최대 내접 기준원법은 plug gage circle이라고도 부른다.

장점으로는 축과 베어링 물림에 있어서 베어링축에 유용한 평가 방법이고, 단점으로는 중심좌표가 측정물의 긁힘, 먼지 등에 의한 영향을 받는 경우가 있다.

③ 최소 영역 기준원(Minimum Zone reference Circles, MZCI)법

그림 8.11(b)와 같이 최소 영역 기준원법은 동일중심을 갖는 내접원과 외접원을 그려 그 외접원과 내접원의 반경의 차가 최소가 되는 중심을 기준으로 하는 방식이며 내외접원의 반경차이로 진원도를 정의한다. 이 방법에 의해 구한 진원도 값이 일반적으로 가장 작은 양이 된다.

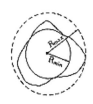
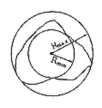

(a) 최대 내접 기준원법　　　(b) 최소 영역 기준원법　　　(c) 최소 외접 기준원법

그림 8.11 기준원을 구하는 방법

④ 최소 외접 기준원(Minimum Circumscribed reference Circle, MCCI)법

그림 8.11(c)와 같이 측정단면에 외접원을 끼워 넣어 이 원의 반경이 가장 작은 외접원을 그렸을 때 이 외접원을 최소외접원이라 하고 이 외접원의 중심에서 측정단면까지의 최대반경과 최소반경과의 차이로 진원도를 정의한다. 그러므로 축에 꼭 끼는 최소의 링게이지와 관련이 있으므로 최소 외접 기준원법은 ring gage circle이라고도 부른다.

장점으로는 축과 베어링의 물림에 있어서 축측에 유용한 평가방법이고, 단점은 최대 내접 기준원법의 단점과 같다.

(3) 3점법

원형 부분을 2점으로 지지하여 회전시켜 그 2점의 수직 이등분 선상에 검출기를 위치시킨 후 피측정물을 1회전시켰을 때 지침의 최대 변위량으로 진원도를 정의한 것이다. 이 측정 방법은 V블록, 곡률게이지, 삼각게이지 등을 이용하여 피측정물을 1회전시켰을 때의 읽음의 최대값과 최소값의 차를 구한다.

(4) 진원도 측정기

진원도를 측정하기 위한 회전 장치에 따라 분류하면 촉침 회전식(rotating stylus type)과 테이블 회전방식(rotating turntable type)으로 나눌 수 있다.

① 촉침 회전식의 특징

㉮ 스핀들의 회전 정밀도가 좋다.

㉯ 대형물체 측정에 직합하나.

㉰ 대형으로 가격이 비싸다.

㉱ 조작이 복잡하다.

② 테이블 회전식의 특징

㉮ 진직도, 평행도의 측정이 가능하다.

㉯ 복잡한 물체의 측정에 적합하다.

㉰ 구조가 간단하고 가격이 저렴하다.

㉑ 테이블이 회전함으로 정도가 좋지 않다.

2) 원통도 공차

원통도(cylindricity) 공차의 정의는 그림 8.12와 같으며 진원도, 진직도 및 평행도의 복합공차라 할 수 있으며 원통도 공차는 반지름상의 공차영역으로 실제 제품이 완전한 원통으로부터 벗어남의 크기이다.

원통도의 측정은 V블록이나 센터에 의한 측정법으로 측정할 수 있으나 원통 전 표면 모두에 규제되어야 함으로 원통도를 판정하기 위해서는 원통의 여러 곳의 직경을 측정해서 산포의 범위를 구하기도 하고 V블록상에 원통면을 회전 및 축방향으로 이동할 때 측미기 읽음의 최대차와 최소차를 구하는 방법을 많이 사용한다.

원통도 측정시 나타나는 형상의 특성으로 최소한 원통의 3단면 이상을 측정하여야 하며 평가기준은 최소 제곱 기준원통, 최대 내접 기준원통, 최소 영역 기준원통, 최소 외접 기준원통 등의 4종류 방식을 사용한다.

공차역의 정의(⌀)	표시 보기와 해석
공차역은 t만큼 떨어진 2개의 동축 원통면 사이의 영역이다.	대상으로 하고 있는 면의 0.1mm만큼 떨어진 2개의 동축 원통면 사이에 있어야 한다.
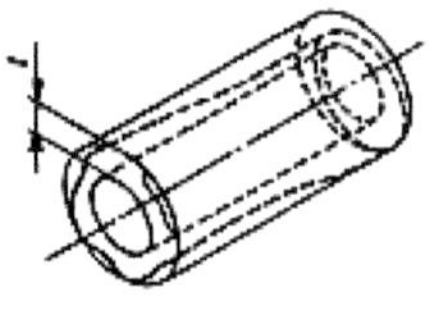	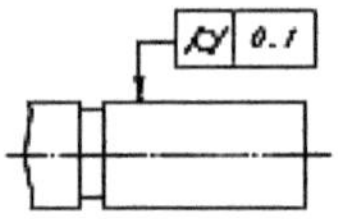

그림 8.12 원통도 공차

3) 평면도 공차

그림 8.13과 같이 평면도 공차의 정의는 기계의 평면부분이 이상평면으로부터 벗어난 크기를 평면도라 하며, 이상평면이란 평면 부분 중에 3점을 포함한 기하학적인 평면을 말한다.

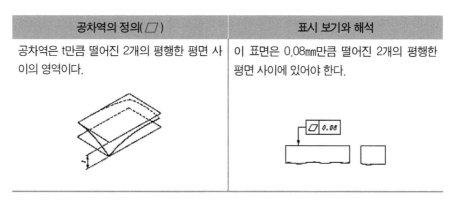

공차역의 정의(▱)	표시 보기와 해석
공차역은 t만큼 떨어진 2개의 평행한 평면 사이의 영역이다.	이 표면은 0.08mm만큼 떨어진 2개의 평행한 평면 사이에 있어야 한다.

그림 8.13 평면도 공차

(1) 평면도 측정방법

① 빛의 간섭에 의한 측정

피측정물 위에 광선정반(optical flat)을 올려 놓으면 빛의 간섭무늬가 생기는 것을 볼 수 있는데, 이때 빛의 파장을 λ라 할 때 평면도는 간섭무늬수$\times \lambda/2$로 계산할 수 있다.

② 수준기 및 오토콜리미터에 의한 측정

피측정물이 작을 때는 정반 위에서 경사 테이블 위에 피측정물을 올려놓고 세모서리의 3점을 동일한 높이로 조절한 다음 정반을 기준면으로 면의 각 요소가 얼마만큼의 폭영역 안에 들어 있는가를 측정하기 위하여 전기 마이크로미터를 정반의 전부분에 걸쳐서 이동시키면서 지침의 움직임의 최대차를 구한다.

피측정물이 클 때는 그림 8.14와 같이 십자법, 대각선법, 사각형법, 유니언잭법 등으로 피측정면을 나누어서 측정은 수준기, 레이저 측정기, 오토콜리미터 등을 사용하여 나눈 점을 수평면으로부터 편차를 구한다. 그리고 이상 평면을 설정하고 각 점들은 이상평면을 기준으로 벗어난 편차로 보정한 다음 그 이상평면으로부터의 벗어난 양을 계산해서 평면도 값을 구한다.

③ 정반과 인디케이터에 의한 측정

정확한 평면도의 측정을 위해서는 정반 위에 측정물을 경사조정 테이블 또는 조정용 책에 올려놓고 측정면 3곳에 인디케이터 측정자를 맞추어 정반면에 대한 레벨 조정을 하여 측정점에 있어서 높이 변화의 최대값과 최소값의 차이를 측정하는 방법이다.

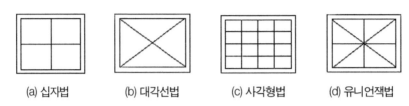

(a) 십자법   (b) 대각선법   (c) 사각형법   (d) 유니언잭법

그림 8.14 평면도 측정 방법의 종류

4) 진직도 공차

진직도 공차의 정의와 표시 보기는 그림 8.15와 같다.

공차역의 정의(—)	표시 보기와 해석
① 선의 진직도 공차 : 공차역은 1개의 평면에 투상되었을 때에는 t만큼 떨어진 2개의 평행한 직선 사이에 있는 영역이다.	지시선의 화살표로 나타낸 직선은 화살표 방향으로 0.1mm만큼 떨어진 2개의 평행한 평면 사이에 있어야 한다.
② 표면 요소로서 선의 진직도 공차 : 공차역은 지정된 방향의 절단면 내에서 t만큼 떨어진 2개의 평행한 직선 사이에 있는 영역이다.	지시선의 화살표로 나타낸 면을 공차 기입란을 표시한 도형의 투상면에 평행한 평면으로 절단했을 때 그 절단면에 나타난 선이 화살표 방향으로 0.1mm만큼 떨어진 2개의 평행한 직선 사이에 있어야 한다.

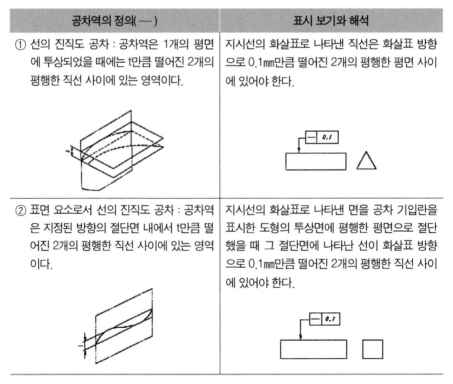

그림 8.15 진직도 공차

(1) 진직도 측정 방법

① 오토콜리미터에 의한 측정

진직도 측정에 있어서 측정부위의 시작점에 반사경대를 설치하고 반사경대의 밑
변거리(105㎜)만큼 이동시키면서 각 점에 있어서의 높이 변화를 구한 후 진직도
를 계산한다. 따라서 1″는 1,000㎜에 대한 약 $4.85\mu m$의 편위로 되어 있으므로 반
사경대의 기준길이가 105㎜일 때 1″에 대한 높이의 차는 다음과 같다.

$$1,000 : 0.00485 = 105 : x$$
$$x = 0.5\mu m$$

표 8.2는 오토콜리미터에 의한 진직도 측정값의 계산 예로서, 기준선에서 높이
차 중 최대값과 최소값의 차를 진직도로 결정한다.

표 8.2 진직도 측정값의 계산 예

측정점	반사경의 위치(mm)	오토콜리미터의 읽음값	최초 읽음으로부터의 차(초)	105mm에 대한 높이차(μm)	누적치 (μm)	보정값 (μm)	기준선에서의 높이차(μm)
0	0				0	0	0
1	0–105	5′ 20.2″	0	0	0	+0.6	−0.6
2	105–210	5′ 23.3″	+3.1″	+1.55	+1.55	+1.2	+0.35
3	210–315	5′ 18.3″	−1.9″	−0.95	+0.6	+1.8	−1.2
4	315–420	5′ 23.8″	+3.6″	+1.8	+2.4	+2.4	0

※ 진직도＝최대값−최소값
  ＝0.35−(−1.2)＝1.55㎛

② 수준기에 의한 측정

수준기는 수평 또는 수직으로부터의 미소한 경사진 양을 측정하는데 사용된다.

③ 기타 방법

기타 진직도 측정방법은 정반상에서 측미기에 의한 방법, 공작기계 등에서 강선

과 측미현미경에 의한 방법, 나이프 에지(knife edge)에 의한 방법, 회전중심에 의한 방법 등이 있다.

5) 선의 윤곽도 공차

선의 윤곽도 공차의 정의는 그림 8.21과 같으며 여기서 포락선이란 어느 일정한 조건에 따라서 존재하는 일군의 곡선이 모든 것에 접하는 정곡선을 말한다.

공차역의 정의(⌒)	표시 보기와 해석
단독 형태의 선의 윤곽도 공차 : 공차역은 이론적으로 정확한 윤곽선 위에 중심을 두는 지름 t의 원이 만드는 2개의 포락선 사이에 있는 영역이다. 	투상면에 평행한 임의의 단면에서 윤곽은 지름이 0.04㎜의 원이 만드는 2개의 포락선 사이에 있어야 한다. 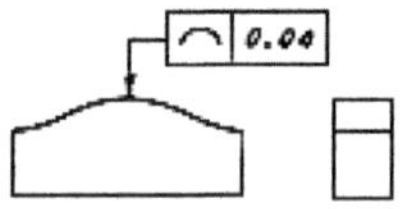

그림 8.16 선의 윤곽도 공차

6) 면의 윤곽도 공차

면의 윤곽도 공차의 정의와 표시 보기는 그림 8.17과 같다.

공차역의 정의(⌒)	표시 보기와 해석
단독 형체 면의 윤곽도 공차 : 공차역은 정확한 윤곽면 위에 중심을 두는 지름 t의 구가 만드는 2개의 포락면 사이에 있는 영역이다. 	대상으로 하고 있는 면은 정확한 윤곽을 갖는 면 위에 중심을 두는 지름 0.02㎜의 구가 만드는 2개의 포락면 사이에 있어야 한다. 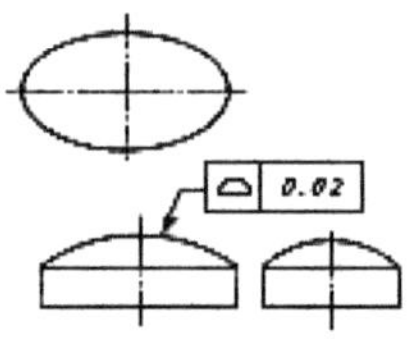

그림 8.17 면의 윤곽도 공차

2.2 자세공차

1) 평행도 공차

평행도(parallelism) 공차의 정의는 그림 8.18과 같으며 여기서 데이텀이란 형체의 자세공차, 위치공차, 흔들림 등을 정하기 위하여 설정된 이론적으로 정확한 기하학적 기준을 말하며 예를 들면 기준이 점, 직선, 평면인 경우에는 각각 데이텀 점, 데이텀 직선, 데이텀 평면이라고 부른다. 그리고 평행도는 다음과 같은 경우에 적용된다.

① 두 개의 평면

② 하나의 평면과 축심 또는 중간면의 평행도

③ 두 개의 축심과 중간면의 평행도

공차역의 정의(∥)	표시 보기와 해석
① 데이텀 직선에 대한 선의 평행도 공차 : 공차역은 1개의 평면에 투상되었을 때에는 데이텀 직선에 평행하고 t만큼 떨어진 2개의 평행한 직선 사이에 있는 영역이다. 	지시선의 화살표로 축선은 데이텀 축 직선 A에 평행하고 또한 지시선의 화살표 방향(수직한 방향)에 있는 0.1mm만큼 떨어진 2개의 평면 사이에 있어야 한다. 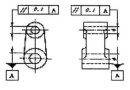
② 데이텀 평면에 대한 선의 평행도 공차 : 공차역은 데이텀 평면에 평행하고 서로 t만큼 떨어진 2개의 평행한 평면 사이에 있는 영역이디. 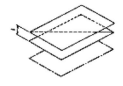	지시선의 화살표로 나타내는 축선은 데이텀 평면 B에 평행하고 또한 지시선의 화살표 방향으로 0.01mm만큼 떨어진 2개의 평면 사이에 있어야 한다. 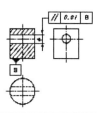

그림 8.18 평행도 공차

2) 직각도 공차

직각도(squareness)는 데이텀 직선 또는 데이텀 평면에 대하여 직각인 기하학적 직선 또는 기하학적 평면으로부터 직각이어야 할 직선 형체 또는 평면 형체의 벗어나는 어긋남의 크기를 말한다. 여기서 형체란 기하 공차의 대상이 되는 점, 선, 축선, 면 또는 중심면 등을 말한다.

그림 8.19는 직각도 공차의 정의와 표시 보기를 나타낸 것이다.

공차역의 정의(⊥)	표시 보기와 해석
① 데이텀 직선에 대한 선의 직각도 공차 : 공차역은 한 평면에 투상되었을 때에는 데이텀 직선에 수직하고 t만큼 떨어진 2개의 평행한 직선 사이에 있는 영역이다. 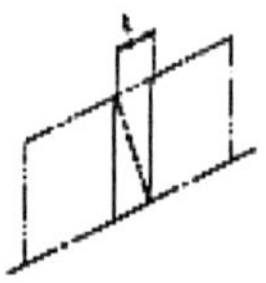 	지시선의 화살표로 나타내는 경사진 구멍의 축선은 데이텀 축 직선 A에 수직하고 또한 지시선의 화살표 방향으로 0.06mm만큼 떨어진 2개의 평행한 평면 사이에 있어야 한다. 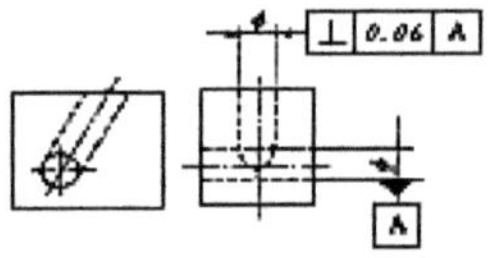
② 데이텀 평면에 대한 선의 직각도 공차 : 공차의 지정이 한 방향에만 있는 경우에는 한 평면에 투상된 공차역은 데이텀 평면에 수직하고 t만큼 떨어진 2개의 평행한 직선 사이에 영역이다. 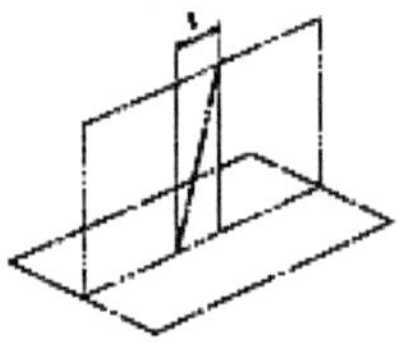 	지시선의 화살표로 나타내는 원통의 축선은 데이텀 평면에 수직하고 또한 지시선의 화살표 방향으로 0.2mm만큼 떨어진 2개의 평행한 평면 사이에 있어야 한다. 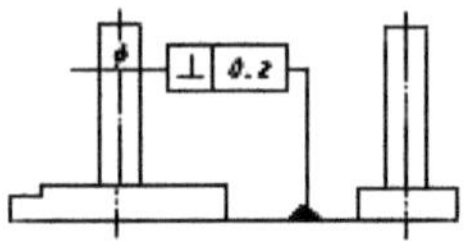

그림 8.19 직각도 공차

3) 경사도 공차

90°를 제외한 임의의 각도에서 경사도(angularity) 공차의 정의와 표시 보기는 그림 8.20과 같다.

공차역의 정의(∠)	표시 보기와 해석
① 데이텀 직선에 대한 선의 경사도 공차 : 한 평면에 투상되었을 때의 공차역은 데이텀 직선에 대하여 지정된 각도로 기울고 t만큼 떨어진 2개의 평행한 직선 사이에 있는 영역이다. 	지시선의 화살표로 나타낸 구멍의 축선은 데이텀 축 직선 A-B에 대하여 이론적으로 정확하게 60° 기울고 지시선의 화살표 방향으로 0.08mm만큼 떨어진 2개의 평행한 평면 사이에 있어야 한다. 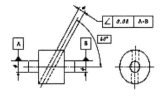
② 데이텀 평면에 대한 선의 경사도 공차 : 한 평면에 투상된 공차역은 데이텀 평면에 대하여 지정된 각도로 기울고 t만큼 떨어진 2개의 평행한 직선 사이에 있는 영역이다. 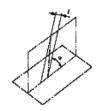	지시선은 화살표로 나타내는 원통의 축선은 데이텀 평면에 대하여 정확하게 80° 기울고 2개의 평행한 평면 사이에 있어야 한다.

그림 8.20 경사도 공차

2.3 위치공차

1) 위치도 공차

위치도(position)란 규제된 형체가 다른 형체나 데이텀에 관계된 형체의 규정 위치에서 축심 또는 중간면이 이론적인 정확한 위치에서 벗어난 양을 말한다.

위치도 공차는 원통 형상의 경우는 직경 공차 영역으로 비원통 형상의 경우는 중간면을 기준으로 한 폭 공차영역으로 나눈다.

위치도 공차가 적용되는 형체는 주로 기능 및 호환성이 고려되어야 하는 조립부품에 적용되며 또한 위치도 공차는 다음과 같은 형체의 위치를 규제하는데 사용된다.

① 구멍 : 원형 형상과 비원형 형상의 구멍

② 축 : 원형 형상의 축이나 비원형 형상의 돌출 형상

③ 노치(notch), 슬롯(slot), 보스(boss) 등

그림 8.21은 위치도 공차의 정의 및 표시 보기를 나타낸 것이다.

공차역의 정의(⊕)	표시 보기와 해석
① 점의 위치도 공차 : 공차역을 대상으로 하고 있는 점의 정확한 위치(이하 진위치라 한다)를 중심으로 하는 지름 t의 원 안 또는 구 안의 영역이다.	지시선의 화살표로 나타낸 점은 데이텀 직선 A로부터 60mm, 데이텀 직선 B로부터 100mm 떨어진 위치를 중심으로 하는 지름 0.03mm의 원 안에 있어야 한다.

공차역의 정의($\bigoplus$)	표시 보기와 해석
② 선의 위치도 공차 : 공차의 지정이 한 방향에만 실시되어 있는 경우의 선의 위치도의 공차역은 진위치에 대하여 대칭으로 배치하고 t만큼 떨어진 2개의 평행한 직선 사이 또는 2개의 평행한 평면 사이에 있는 영역이다. 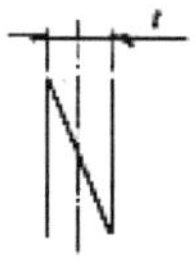 	지시선의 화살표로 나타낸 각각의 선은 그들 직선의 진위치로서 지정된 직선에 대하여 대칭으로 배치되고 0.05mm의 간격을 가지는 2개의 평행한 직선 사이에 있어야 한다. 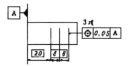
③ 면의 위치도 공차 : 공차역을 대상으로 하고 있는 면의 진원도에 대하여 대칭으로 배치되고 t만큼 떨어진 두 개의 평행한 평면 사이에 끼인 영역이다. 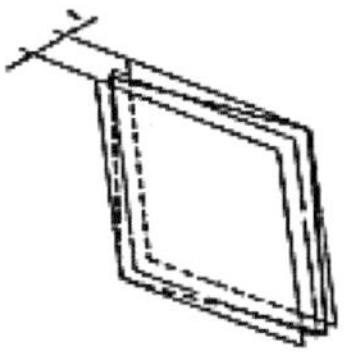 	지시선의 화살표로 나타낸 평면은 데이텀 축직선 B의 선 위에서 데이텀 평면 A로부터 35mm떨어진 위치에 있어서 데이텀 축직선 B에 대하여 105° 기울어진 진위치에 대하여 지시선의 화살표 방향에 대칭으로 0.05mm의 간격을 갖는 평행한 두 개의 평면 사이에 있어야 한다. 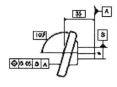

그림 8.21 위치도 공차

(1) 위치도의 측정 방법

위치도의 측정 방법은 피측정물의 기준면 및 기준선(이하 총칭하여 데이텀(datum)이라 한다)을 기준으로 하여 측정하며 측정 방법을 대별하면 다음과 같다.

① 정반 위에서의 측정(정반, 전용세팅공구, 인디케이터, 높이측정구 등)

② 투영기, 공구현미경, 3차원 측정기 등의 좌표측정 장치에 의한 측정

2) 동축도 및 동심도 공차

동심도(concentricity)란 축심이 기준축심과 동일 축선상에 있어야 할 부분에 대하여 규제하며, 동심도 공차란 데이텀 축심을 기준으로 그림 8.22와 같이 규제형체의 축심이 벗어난 양을 원통상의 공차 영역으로 표시한다.

원은 중심을 가지며 여러 개의 원들이 같은 중심을 가지면 동심이고 원통 및 다각형의 형상은 축심을 가지므로 이들이 공통의 축심을 가질 때 동축이라고 하여 동축도, 동심도를 구분하기도 하나 공학에서는 동축과 동심이라는 용어를 같게 사용한다.

공차역의 정의(◎)	표시 보기와 해석
① 동축도 공차 : 공차를 나타내는 수치 앞에 기호 ϕ가 붙어 있는 경우에는 이 공차역은 데이텀 축 직선과 일치한 축선을 가지는 지름 t 인 원통 안의 영역이다. 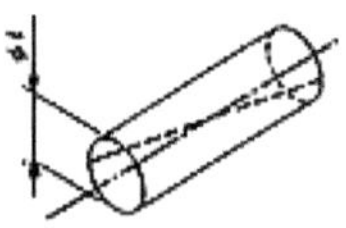	지시선의 화살표로 나타낸 축선은 데이텀 축 직선 A-B를 축선으로 하는 지름 0.08mm인 원통 안에 있어야 한다. 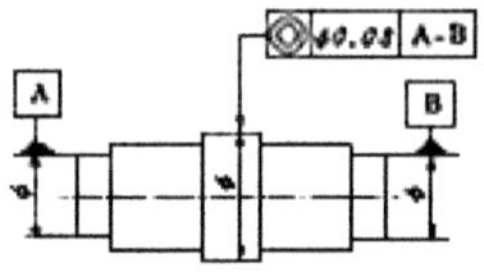
② 동심도 공차 : 공차역은 데이텀 점과 일치하는 점을 중심으로 한 지름 t인 원 안의 영역이다. 	지시선은 화살표로 나타낸 원의 중심은 데이텀 점 A를 중심으로 하는 지름 0.01mm인 원 안에 있어야 한다. 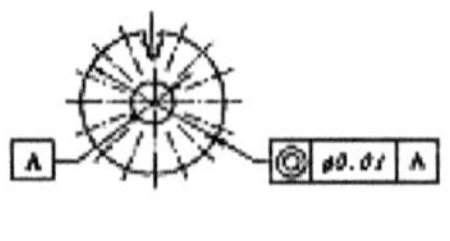

그림 8.22 동축도 및 동심도 공차

그림 8.23과 같이 동심도 측정은 주로 V블록을 이용하여 간편하게 측정할 수 있으나 정밀한 측정을 위해서는 진원도 측정기외에 특별한 측정장치가 있는 측정기를 사용해야 된다.

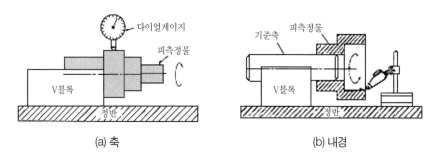

(a) 축   (b) 내경

그림 8.23 V블록에 의한 동심도 측정

3) 대칭도 공차

그림 8.24는 대칭도(symmetry) 공차를 나타낸 것으로 공차역의 정의는 2개의 평면 간의 거리이고, 형체의 중간면은 이 안에 있지 않으면 안 된다. 이들 평행면을 데이텀 형체의 중간면 또는 축심에 평행이고 또한 그 양측에 같은 분량만큼 배치되는 것이다.

공차역의 정의(═)	표시 보기와 해석
데이텀 중심 평면에 대한 선의 대칭도 공차 : 공차의 지정이 한 방향에만 있는 경우 이 공차역은 데이텀 중심 평면에 대하여 대칭으로 배치되고 서로 t만큼 떨어진 2개의 평행한 평면 사이에 있는 영역이다. 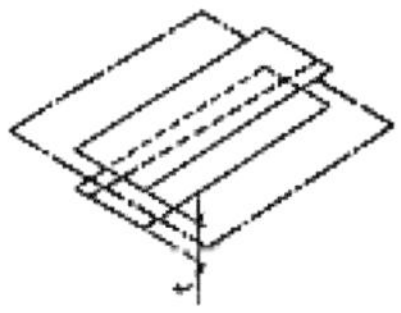	지시선의 화살표로 나타낸 축선은 데이텀 중심 평면 A-B에 대칭으로 0.08㎜의 간격을 갖는 평행한 2개의 평면 사이에 있어야 한다. 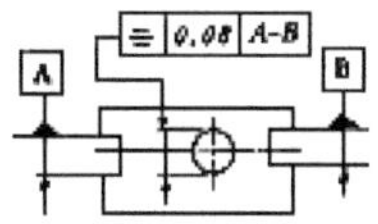

그림 8.24 대칭도 공차

2.4 흔들림 공차

1) 원주 흔들림 공차

원주 흔들림(runout)은 데이텀 축 직선을 축으로 하는 회전면을 가져야 할 형체 또는 데이텀 축 직선에 대하여 그림 8.25와 같이 수직인 원형 평면이어야 할 형체를 데이텀 축 직선의 둘레에 회전했을 때 그 표면이 지정된 위치 또는 임의의 위치로 지정된 방향으로 변위하는 크기를 말한다.

공차역의 정의(✈)	표시 보기와 해석
축 방향의 원주 흔들림 공차 : 공차역은 임의의 반지름 방향의 위치에 있어서 데이텀 축 직선과 일치하는 축선을 가지는 측정 원통 위에 있고 축방향으로 t만큼 떨어진 2개의 원 사이에 낀 영역이다. 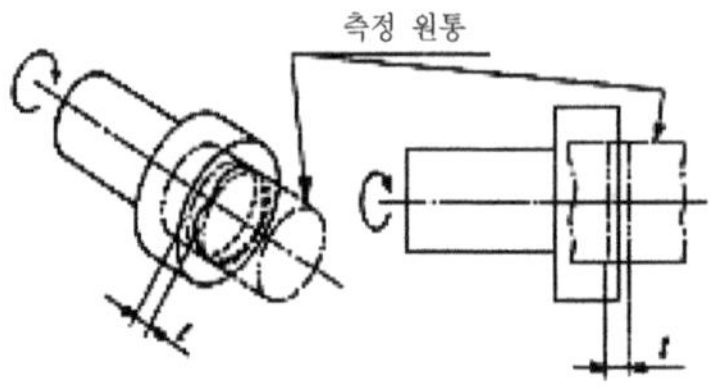	지시선의 화살표로 나타낸 원통 측면의 축 방향 흔들림은 축 직선 D에 대하여 1회전 할 때 0.1mm를 초과해서는 안 된다. 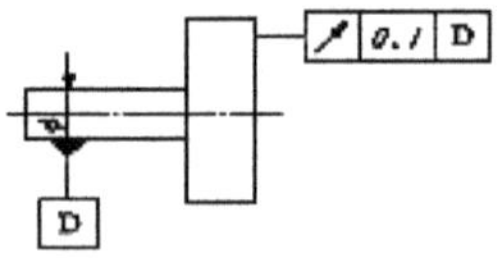

그림 8.25 원주 흔들림 공차

2) 온 흔들림 공차

온 흔들림은 데이텀 축 직선을 축으로 하는 원통면을 가져야 할 형체 또는 데이텀 축 직선에 대하여 수직인 원형 평면이어야 할 형체를 그림 8.26과 같이 데이텀 축 직선의 둘레에 회전했을 때 그 표면이 지정된 방향으로 변위하는 크기를 말한다.

공차역의 정의(✐✐)	표시 보기와 해석
① 반지름 방향의 온 흔들림 공차 : 공차역은 데이텀 축 직선과 일치하는 축선을 가지고 반지름 방향으로 t만큼 떨어진 2개의 동축, 원통 사이의 영역이다. 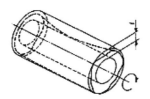	지시선과 화살표로 나타낸 원통면의 반지름 방향의 온 흔들림은 데이텀 축 직선 A-B에 관하여 원통 부분을 회전시켰을 때 원통 표면 위에 임의의 점에서 0.1㎜를 초과해서는 안 된다. 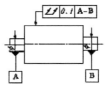
② 축 방향 온 흔들림 공차 : 공차역은 데이텀 축 직선에 수직하고 데이텀 축 직선 방향으로 t만큼 떨어진 2개의 평행한 평면 사이에 있는 영역이다. 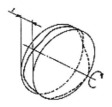	지시선의 화살표로 나타낸 원통 축 방향 온 흔들림은 데이텀 축 직선 D에 관하여 원통 측면을 회전시켰을 때 원통 측면 위의 임의의 점에서 0.1㎜를 초과해서는 안 된다. 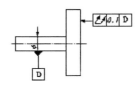

그림 8.26 온 흔들림 공차

부록

① 그리스 알파벳(the Greek alphabet)

문자	대문자	소문자	사용 예
Alpha	A	α	면적, 각 상수
Beta	B	β	각, 상수, 자기력선속 밀도
Gamma	Γ	γ	도전율
Delta	Δ	δ	밀도, 변량
Epsilon	E	ε	자연 대수의 밑
Zeta	Z	ζ	상수, 좌표, 임피던스
Eta	H	η	효율, 히스테리시스 상수
Theta	θ	θ	위상각, 온도
Iota	I	ι	
Kappa	K	κ	유전 상수
Lambda	Λ	λ	파장
Mu	M	μ	마이크로, 투자율
Nu	N	ν	
Xi	Ξ	ξ	
Omicron	O	o	
Pi	Π	π	3.1416
Rho	P	ρ	저항률
Sigma	Σ	σ	합
Tau	T	τ	시간 상수
Upsilon	Υ	υ	
Phi	Φ	φ	각, 자기력 선속
Chi	X	χ	
Psi	Ψ	ψ	유전 자기력선속, 위상차
Omega	Ω	ω	음, 각속도

② inch와 mm 환산요령

1) 목적

① 인치(inch) 단위로 표시된 각종 도면을 밀리미터(㎜) 단위로 환산하는데 적용한다.

② 인치 단위로 표시된 치수는 가공이 가능한 것도 밀리미터 단위로 환산하면 곤란하므로 가공이 가능한 단위의 숫자로 수정해 주는데 적용시킨다.

2) 요령

① 1인치(inch)는 25.4㎜로 환산한다.

② 원칙적으로 소수점 이하의 유효자리수는 밀리미터 단위로 환산하여 한 자리를 올린다.

예) xx.xxx(in) – xxx.xx(㎜)

(소수 이하 3자리 유효) – (소수 이하 2자리 유효)

12.225″ – 285.77

예) xx.xxxx(in) – xxx.xxx(㎜)

(소수 이하 4자리 유효) – (소수 이하 3자리 유효)

10.3671″ – 220.352

③ 기준치의 환산

㉮ 최소치+공차 : 인치단위의 최소치는 밀리미터로 환산하여 택한다.

(유효자리를 정한 뒤 상한값을 택한다.)

예) 10.251″(+0.001″)를 (㎜)로 환산하여 택한다.

환산치 : 260.3754(+0.0254)

적용치(상한치) : 260.38(+0.02)

㉯ 최대치−공차 : 인치단위의 최대치는 밀리미터로 환산하여 택한다.

(유효자리를 정한 뒤 하한값을 택한다.)

예) 10.251″(−0.001″)

환산치 : 260.3754(−0.0254)

적용치(하한치) : 260.37(−0.02)

㉰ 평균치±공차 : 이때 평균치(inch)를 밀리미터로 환산하여 반올림한다. 즉, 유효자리수 다음의 숫자에 의하여 반올림한다.

예) 10.251″(±0.001″)

환산치 : 260.3754(±0.0254)

적용치(반올림) : 260.38(±0.02)

(적용치를 구한 후에 반드시 공차범위 밖으로 벗어났는지의 여부를 검산하여야 한다.)

예제 1   10.251″ + 0.001″

환산치 : 260.3754+0.0254

적용치(상한치) : 260.38+0.02

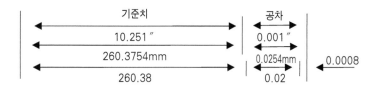

※참고 : 검사 및 공차의 수정

(1) 검산방법

A(기준치의 편차)=기준치의 환산치−기준치의 적용치(또는 적용치−환산치)

B(공차의 편차)=공차의 환산치−공차의 적용치

일 때 A와 B의 크기를 비교하여 다음과 같이 판단할 수 있다.

• A≦B인 경우는 공차범위 밖으로 벗어나지 않음

• A>B인 경우는 공차범위 밖으로 벗어남

(2) 공차의 수정

검산결과 공차범위 밖으로 벗어나게 되는 경우는 공차범위 내로 들어오도록 처리를 해야 한다. 이것을 공차수정이라 하며 다음과 같다.

• 공차수정을 할 경우는 소수 이하 유효자리수가 같은 수 중 바로 아래의 수를 택한다.

예제 2

$7.2511'' + 0.0005''$

환산치 : $184.17794(\text{mm}) + 0.01270(\text{mm})$

적용치 : $184.178 + 0.012$

예제 3

$1.251'' - 0.001''$

환산치 : $31.7754 - 0.0254$

적용치(하한치) : $31.77 - 0.02$

검산 : $0.0054(\text{A}) = 0.0054(\text{B})$

결과 : $31.77 - 0.02$

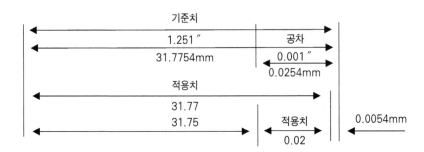

| 예제 4 | 11.3212″ ± 0.0002″ |

환산치 : 287.55848±0.00508

적용치(반올림) : 287.558±0.005

검산 : 0.00048 > 0.00008

결과 : 공차범위 밖으로 벗어 났음

공차수정 : 287.558±0.005 → 수정 전

$$287.558 \,^{+0.005}_{-0.004} \rightarrow 수정 후$$

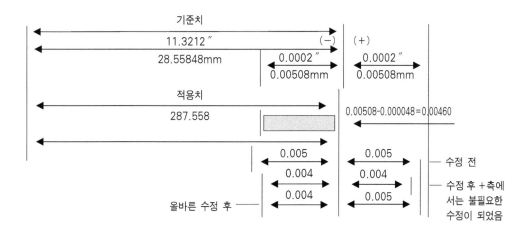

※즉 287.558±0.04로 수정하지 말고 287.558 $^{+0.005}_{-0.004}$ 로 수정한다.

3) 기준치 $^{공차a}_{공차b}$ 의 환산요령

(공차 a : 최대값이 되는 공차, 공차 b : 최소값이 되는 공차)

① 기준치의 환산 : 앞의 예와 같이 유효자리수를 맞추고 하한치를 택한다.

② 공차의 환산 : 앞의 예와 같이 유효자리수를 맞추고 하한치를 택한다.

③ 검산

　㉮ 기준치에서 생긴 편차 A

　㉯ 공차 a에서 생긴 편차 Ba

ⓓ 공차 b에서 생긴 편차 Bb

ⓡ A<Ba : 공차 a의 수정이 필요

ⓜ A>Bb : 공차 b의 수정이 필요

ⓑ A≧Ba, A≦Bb : 공차 a, b의 수정이 필요치 않음.

④ 공차의 수정방법

㉮ 공차 a : 앞의 예와는 반대로 소수 이하 유효자리수가 같은 수 중 위의 수를 택한다.

㉯ 공차 b : 앞의 예제와 같은 요령으로 수정한다.

예) $10.251'' \, {}^{-0.001''}_{-0.002''}$

환산치 : $260.3754 \, {}^{-0.0254mm}_{-0.0508mm}$ 적용치 : $260.37 \, {}^{-0.02}_{-0.05}$

검산 : ① A=0.0054

Bb=0.0008 ※A>Bb이므로 공차 b의 수정이 필요.

② A=0.0054

Ba=0.0054 ※A=B이므로 공차 a의 수정이 불필요.

결과 : $260.37 \, {}^{-0.02}_{-0.04}$

4) 기준치 ${}^{+공차a}_{+공차b}$ 의 환산요령

(공차 a : 최대값이 되는 공차, 공차 b : 최소값이 되는 공차)

① 기준치의 환산 : 앞의 예와 같이 유효자리수를 맞추고 상한치를 택한다.

② 공차의 환산 : 유효자리수를 맞추고 하한치를 택한다.

③ 검산 : 기준치에서 생긴 편차 : A, 공차 a에서 생긴 편차 : Ba,

공차 b에서 생긴 편차 : Bb

A>Ba : 공차 a의 수정이 필요, A<Bb : 공차 b의 수정이 필요,

A≦Ba, A≧Bb : 공차 a, b의 수정이 불필요

④ 수정방법

㉮ 공차 a : 앞의 예제와 같은 요령으로 한다.

㉯ 공차 b : 앞의 예제와는 반대로 소수 이하 유효자리수가 같은 수 중 바로 윗
수를 택한다.

예) $2.234^{+0.002''}_{+0.001''}$

환산치 : $56.7436^{+0.0508}_{+0.0254}$ 　　　　　적용치 : $56.75^{+0.05}_{+0.02}$

검산 : ① A＝0.0064

Ba : 0.0008 ※A＞Ba이므로 공차 a의 수정이 필요

② A＝0.0064

Bb : 0.0054 ※A＞Bb이므로 공차 b의 수정은 불필요.

결과 : $56.75^{+0.04}_{+0.02}$

③ 실습 보고서 작성 양식(예)

실습 과제에 따라 실습 보고서의 형식은 모두 같은 것은 아니지만 다음과 같은 항목에 대하여 기록한다.

『표지에 기록 사항』

실습 제목, 과목명, 실습자 소속, 실습자 성명, 실습 일자, 날씨, 온도, 습도, 기압 등을 기록한다.

1) 실습 목표

어떤 측정 기술을 익힐 것인가, 또한 주어진 실습 과제는 무엇을 이해하기 위한 실험인가 등을 고려하여 목표를 간결하게 기록한다.
① 측정 기술의 습득
② 기본 원리의 이해
③ 측정기의 정도 및 측정 방법의 숙련
④ 고찰력 및 응용력의 배양

2) 실습 측정기 및 공구

실습에 사용한 측정기 및 공구를 열거한다. 따라서 측정기의 명칭, 규격, 정밀도, 제작 회사, 제품 번호 등을 기록한다.

3) 측정 원리 및 이론

교재에 기본 원리, 이론 등의 관련지식이 있지만 될 수 있는 대로 참고 도서를 충분히 검토하여 실습자의 문장으로 정리하여 보고서에 기록한다.

4) 측정 방법 및 순서

실습 순서를 보고서에 상세히 모두 기록할 필요는 없다. 그러므로 기본적인 측정 방법을 정리하여 기록하면 좋다.

5) 측정치의 정리 및 계산

측정 항목에 대하여 반복하여 우연 오차, 개인 오차, 시차 등의 오차를 줄이고 평균값을 구한다. 측정 계산에 있어서 공식과 계산 과정을 나타내고 유효 숫자 처리를 한다.

6) 실습 결과

실습 과제에 따라서 내용은 다르지만 일반적으로는 측정 데이터를 표로 만들어 정리하고 가능하면 그래프로 표시한다. 또한 간접 측정의 경우에는 계산하는 계산식과 중간 계산 과정을 기록과 오차도 계산한다.

7) 결과 검토 및 결론

실습에서 얻은 측정치와 정수표의 값을 각 실습 조별로 비교 검토한다. 정수표의 값과 맞지 않을 때에는 왜 맞지 않는지 또한 충분히 추구하고 생각되는 원인을 검토한다. 실험하여 얻는 결과를 간결하게 기록한다.

8) 고찰

고찰이 없는 보고서는 가치가 없으므로 보고서에서 제일 중요한 항목이라 말할 수 있다. 따라서 고찰은 실습 전반의 소감 및 특이한 실습 결과가 얻어졌을 때의 원인과 실습중에 발생하는 오차의 크기에 대해서도 고찰한다.

9) 참고 문헌

인용한 참고 문헌은 저자명, 도서명(또는 논문명), 출판사명, 인용 페이지, 출판 연도 등을 순서대로 기록한다.

④ 상용하는 끼워맞춤의 구멍 치수 허용차

기준치수의 구분(mm)		구멍 의															
초과	이하	B10	C9	C10	D8	D9	D10	E7	E8	E9	F6	F7	F8	G6	G7	H6	H7
-	3	+180 +140	+85 +60	+100 +60	+34 +20	+45 +20	+60 +20	+24 +14	+28 +14	+39 +14	+12 +6	+16 +6	+20 +6	+8 +2	+12 +2	+6 0	+10 0
3	6	+188 +140	+100 +70	+118 +70	+48 +30	+60 +30	+78 +30	+32 +20	+38 +20	+50 +20	+18 +10	+22 +10	+28 +10	+12 +4	+16 +4	+8 0	+12 0
6	10	+208 +150	+116 +80	+138 +80	+62 +40	+76 +40	+98 +40	+40 +25	+47 +25	+61 +25	+22 +13	+28 +13	+35 +13	+14 +5	+20 +5	+9 0	+15 0
10	14	+220 +150	+138 +95	+165 +95	+77 +50	+93 +50	+120 +50	+50 +32	+59 +32	+75 +32	+27 +16	+34 +16	+43 +16	+17 +6	+24 +6	+11 0	+18 0
14	18	+220 +150	+138 +95	+165 +95	+77 +50	+93 +50	+120 +50	+50 +32	+59 +32	+75 +32	+27 +16	+34 +16	+43 +16	+17 +6	+24 +6	+11 0	+18 0
18	24	+244 +160	+162 +110	+194 +110	+98 +65	+117 +65	+149 +65	+61 +40	+73 +40	+92 +40	+33 +20	+41 +20	+53 +20	+20 +7	+28 +7	+13 0	+21 0
24	30	+244 +160	+162 +110	+194 +110	+98 +65	+117 +65	+149 +65	+61 +40	+73 +40	+92 +40	+33 +20	+41 +20	+53 +20	+20 +7	+28 +7	+13 0	+21 0
30	40	+270 +170	+182 +120	+220 +120	+119 +80	+142 +80	+180 +80	+75 +50	+89 +50	+112 +50	+41 +25	+50 +25	+64 +25	+25 +9	+34 +9	+16 0	+25 0
40	50	+280 +180	+192 +130	+230 +130	+119 +80	+142 +80	+180 +80	+75 +50	+89 +50	+112 +50	+41 +25	+50 +25	+64 +25	+25 +9	+34 +9	+16 0	+25 0
50	65	+310 +190	+214 +140	+260 +140	+146 +146	+174 +100	+220 +146	+90 +60	+106 +60	+134 +60	+49 +30	+60 +30	+76 +30	+29 +10	+40 +10	+19 0	+30 0
65	80	+320 +200	+224 +150	+270 +150	+146 +146	+174 +100	+220 +146	+90 +60	+106 +60	+134 +60	+49 +30	+60 +30	+76 +30	+29 +10	+40 +10	+19 0	+30 0
80	100	+360 +220	+257 +170	+310 +170	+174 +120	+207 +120	+260 +120	+107 +72	+126 +72	+159 +72	+58 +36	+71 +36	+90 +36	+34 +12	+47 +12	+22 0	+35 0
100	120	+380 +240	+267 +180	+320 +180	+174 +120	+207 +120	+260 +120	+107 +72	+126 +72	+159 +72	+58 +36	+71 +36	+90 +36	+34 +12	+47 +12	+22 0	+35 0
120	140	+420 +260	+300 +200	+360 +200	+208 +145	+245 +145	+305 +145	+125 +85	+148 +85	+185 +85	+68 +43	+83 +43	+106 +43	+39 +14	+54 +14	+25 0	+40 0
140	160	+440 +280	+310 +210	+370 +210	+208 +145	+245 +145	+305 +145	+125 +85	+148 +85	+185 +85	+68 +43	+83 +43	+106 +43	+39 +14	+54 +14	+25 0	+40 0
160	180	+470 +310	+330 +230	+390 +230	+208 +145	+245 +145	+305 +145	+125 +85	+148 +85	+185 +85	+68 +43	+83 +43	+106 +43	+39 +14	+54 +14	+25 0	+40 0
180	200	+525 +340	+355 +240	+425 +240	+242 +170	+285 +170	+355 +170	+146 +100	+172 +100	+215 +100	+79 +50	+96 +50	+122 +50	+44 +15	+61 +15	+29 0	+46 0
200	225	+565 +380	+375 +260	+445 +260	+242 +170	+285 +170	+355 +170	+146 +100	+172 +100	+215 +100	+79 +50	+96 +50	+122 +50	+44 +15	+61 +15	+29 0	+46 0
225	250	+605 +420	+395 +280	+465 +280	+242 +170	+285 +170	+355 +170	+146 +100	+172 +100	+215 +100	+79 +50	+96 +50	+122 +50	+44 +15	+61 +15	+29 0	+46 0
250	280	+690 +480	+430 +300	+510 +300	+271 +190	+320 +190	+400 +190	+162 +110	+191 +110	+240 +110	+88 +56	+108 +56	+137 +56	+49 +17	+69 +17	+32 0	+52 0
280	315	+750 +540	+460 +330	+540 +330	+271 +190	+320 +190	+400 +190	+162 +110	+191 +110	+240 +110	+88 +56	+108 +56	+137 +56	+49 +17	+69 +17	+32 0	+52 0
315	355	+830 +600	+500 +360	+590 +360	+299 +210	+350 +210	+440 +210	+182 +125	+214 +125	+265 +125	+98 +62	+119 +62	+151 +62	+54 +18	+75 +18	+36 0	+57 0
355	400	+910 +680	+540 +400	+630 +400	+299 +210	+350 +210	+440 +210	+182 +125	+214 +125	+265 +125	+98 +62	+119 +62	+151 +62	+54 +18	+75 +18	+36 0	+57 0
400	450	+1010 +760	+595 +440	+690 +440	+327 +230	+385 +230	+480 +230	+198 +135	+232 +135	+290 +135	+108 +68	+131 +68	+165 +68	+60 +20	+83 +20	+40 0	+63 0
450	500	+1090 +840	+635 +480	+730 +480	+327 +230	+385 +230	+480 +230	+198 +135	+232 +135	+290 +135	+108 +68	+131 +68	+165 +68	+60 +20	+83 +20	+40 0	+63 0

주 : 표 중의 각 단에서 위 측의 수치는 위 치수 허용차, 아래 측의 수치는 아래 치수 허용차를 나타낸다.

(단위 : μm)

공차역 등급																	
H8	H9	H10	JS6	JS7	K6	K7	M6	M7	N6	N7	P6	P7	R7	S7	T7	U7	X7
+14 / 0	+25 / 0	+40 / 0	±3	±5	0 / -6	0 / -10	-2 / -8	-2 / -12	-4 / -10	-4 / -14	-6 / -12	-6 / -16	-10 / -20	-14 / -24	-	-18 / -28	-20 / -30
+18 / 0	+30 / 0	+48 / 0	±4	±6	+2 / -6	+3 / -9	-1 / -9	0 / -12	-5 / -13	-4 / -16	-9 / -17	-8 / -20	-11 / -23	-15 / -27	-	-19 / -31	-24 / -36
+22 / 0	+36 / 0	+58 / 0	±4.5	±7	+2 / -7	+5 / -10	-3 / -12	0 / -15	-7 / -16	-4 / -19	-12 / -21	-9 / -24	-13 / -28	-17 / -32	-	-22 / -37	-28 / -43
+27 / 0	+43 / 0	+70 / 0	±5.5	±9	+2 / -9	+6 / -12	-4 / -15	0 / -18	-9 / -20	-5 / -23	-15 / -26	-11 / -29	-16 / -34	-21 / -39	-	-26 / -44	-33 / -51
																	-38 / -56
+33 / 0	+52 / 0	+84 / 0	±6.5	±10	+2 / -11	+6 / -15	-4 / -17	0 / -21	-11 / -24	-7 / -28	-18 / -31	-14 / -35	-20 / -41	-27 / -48	-	-33 / -54	-46 / -67
															-33 / -54	-40 / -61	-56 / -77
+39 / 0	+62 / 0	+100 / 0	±8	±12	+3 / -13	+7 / -18	-4 / -20	0 / -25	-12 / -28	-8 / -33	-21 / -37	-17 / -42	-25 / -50	-34 / -59	-39 / -64	-51 / -76	-
															-45 / -70	-61 / -86	
+46 / 0	+74 / 0	+120 / 0	±9.5	±15	+4 / -15	+9 / -21	-5 / -24	0 / -30	-14 / -33	-9 / -39	-26 / -45	-21 / -51	-30 / -60	-42 / -72	-55 / -85	-76 / -106	-
													-32 / -62	-48 / -78	-64 / -94	-91 / -121	
+54 / 0	+87 / 0	+140 / 0	±11	±17	+4 / -18	+10 / -25	-6 / -28	0 / -35	-16 / -38	-10 / -46	-30 / -52	-24 / -59	-38 / -73	-58 / -93	-78 / -113	-111 / -146	-
													-41 / -76	-66 / -101	-91 / -126	-131 / -166	
+63 / 0	+100 / 0	+160 / 0	±12.5	±20	+4 / -21	+12 / -28	-8 / -33	0 / -40	-20 / -45	-12 / -52	-36 / -61	-28 / -68	-48 / -88	-77 / -117	-107 / -147	-	-
													-50 / -90	-85 / -125	-119 / -159		
													-53 / -93	-96 / -133	-131 / -171		
+72 / 0	+115 / 0	+185 / 0	±14.5	±23	+5 / -24	+13 / -33	-8 / -37	0 / -46	-22 / -51	-14 / -60	-41 / -70	-33 / -79	-60 / -106	-105 / -151	-	-	-
													-63 / -109	-113 / -159			
													-67 / -113	-123 / -169			
+81 / 0	+130 / 0	+210 / 0	±16	±26	+5 / -27	+16 / -36	-9 / -41	0 / -52	-25 / -57	-14 / -66	-47 / -79	-36 / -88	-74 / -126	-	-	-	-
													-78 / -130				
+89 / 0	+140 / 0	+230 / 0	±18	±28	+7 / -29	+17 / -40	-10 / -46	0 / -57	-26 / -62	-16 / -73	-51 / -87	-41 / -98	-87 / -144				
													-93 / -150				
+97 / 0	+155 / 0	+250 / 0	±20	±31	+8 / -32	+18 / -45	-10 / -50	0 / -63	-27 / -67	-17 / -80	-55 / -95	-45 / -108	-103 / -166	-	-	-	-
													-109 / -172				

⑤ 상용하는 끼워맞춤의 축 치수 허용차

기준치수의 구분(mm)		축의 공차역														
초과	이하	b9	c9	d8	d9	e7	e8	e9	f6	f7	f8	g5	g6	h5	h6	h7
-	3	-140 -165	-60 -85	-20 -34	-20 -45	-14 -24	-14 -28	-14 -39	-6 -12	-6 -16	-6 -20	-2 -6	-2 -8	0 -4	0 -6	0 -10
3	6	-140 -170	-70 -100	-30 -48	-30 -60	-20 -32	-20 -38	-20 -50	-10 -18	-10 -22	-10 -28	-4 -9	-4 -12	0 -5	0 -8	0 -12
6	10	-150 -186	-80 -116	-40 -62	-40 -76	-25 -40	-25 -47	-25 -61	-13 -22	-13 -28	-13 -35	-5 -11	-5 -14	0 -6	0 -9	0 -15
10	14	-150 -190	-95 -138	-50 -77	-50 -93	-32 -50	-32 -59	-32 -75	-16 -27	-16 -34	-16 -43	-6 -14	-6 -17	0 -8	0 -11	0 -18
14	18	-150 -190	-95 -138	-50 -77	-50 -93	-32 -50	-32 -59	-32 -75	-16 -27	-16 -34	-16 -43	-6 -14	-6 -17	0 -8	0 -11	0 -18
18	24	-160 -212	-110 -162	-65 -98	-65 -117	-40 -61	-40 -73	-40 -92	-20 -33	-20 -41	-20 -53	-7 -16	-7 -20	0 -9	0 -13	0 -21
24	30	-160 -212	-110 -162	-65 -98	-65 -117	-40 -61	-40 -73	-40 -92	-20 -33	-20 -41	-20 -53	-7 -16	-7 -20	0 -9	0 -13	0 -21
30	40	-170 -232	-120 -182	-80 -119	-80 -142	-50 -75	-50 -89	-50 -112	-25 -41	-25 -50	-25 -64	-9 -20	-9 -25	0 -11	0 -16	0 -25
40	50	-180 -242	-130 -192	-80 -119	-80 -142	-50 -75	-50 -89	-50 -112	-25 -41	-25 -50	-25 -64	-9 -20	-9 -25	0 -11	0 -16	0 -25
50	65	-190 -264	-140 -214	-100 -146	-100 -174	-60 -90	-60 -106	-60 -134	-30 -49	-30 -60	-30 -76	-10 -23	-10 -29	0 -13	0 -19	0 -30
65	80	-200 -274	-150 -224	-100 -146	-100 -174	-60 -90	-60 -106	-60 -134	-30 -49	-30 -60	-30 -76	-10 -23	-10 -29	0 -13	0 -19	0 -30
80	100	-220 -307	-170 -257	-120 -174	-120 -207	-72 -107	-72 -126	-72 -159	-36 -58	-36 -71	-36 -90	-12 -27	-12 -34	0 -15	0 -22	0 -35
100	120	-240 -327	-180 -267	-120 -174	-120 -207	-72 -107	-72 -126	-72 -159	-36 -58	-36 -71	-36 -90	-12 -27	-12 -34	0 -15	0 -22	0 -35
120	140	-260 -360	-200 -300	-145 -208	-146 -245	-85 -125	-85 -148	-85 -185	-43 -68	-43 -83	-43 -106	-14 -32	-14 -39	0 -18	0 -25	0 -40
140	160	-280 -380	-210 -310	-145 -208	-146 -245	-85 -125	-85 -148	-85 -185	-43 -68	-43 -83	-43 -106	-14 -32	-14 -39	0 -18	0 -25	0 -40
160	180	-310 -410	-230 -330	-145 -208	-146 -245	-85 -125	-85 -148	-85 -185	-43 -68	-43 -83	-43 -106	-14 -32	-14 -39	0 -18	0 -25	0 -40
180	200	-340 -455	-240 -355	-170 -242	-170 -285	-100 -146	-100 -172	-100 -215	-50 -79	-50 -96	-50 -122	-15 -35	-15 -44	0 -20	0 -29	0 -46
200	225	-380 -495	-260 -375	-170 -242	-170 -285	-100 -146	-100 -172	-100 -215	-50 -79	-50 -96	-50 -122	-15 -35	-15 -44	0 -20	0 -29	0 -46
225	250	-420 -535	-280 -395	-170 -242	-170 -285	-100 -146	-100 -172	-100 -215	-50 -79	-50 -96	-50 -122	-15 -35	-15 -44	0 -20	0 -29	0 -46
250	280	-480 -610	-300 -430	-190 -271	-190 -320	-110 -162	-110 -191	-110 -240	-56 -88	-56 -108	-56 -137	-17 -40	-17 -49	0 -23	0 -32	0 -52
280	315	-540 -670	-330 -460	-190 -271	-190 -320	-110 -162	-110 -191	-110 -240	-56 -88	-56 -108	-56 -137	-17 -40	-17 -49	0 -23	0 -32	0 -52
315	355	-600 -740	-360 -500	-210 -299	-210 -350	-125 -182	-125 -214	-125 -265	-62 -98	-62 -119	-62 -151	-18 -43	-18 -54	0 -25	0 -36	0 -57
355	400	-680 -820	-400 -540	-210 -299	-210 -350	-125 -182	-125 -214	-125 -265	-62 -98	-62 -119	-62 -151	-18 -43	-18 -54	0 -25	0 -36	0 -57
400	450	-760 -915	-440 -595	-230 -327	-230 -385	-135 -198	-135 -232	-135 -290	-68 -108	-68 -131	-68 -165	-20 -47	-20 -60	0 -27	0 -40	0 -63
450	500	-840 -995	-480 -635	-230 -327	-230 -385	-135 -198	-135 -232	-135 -290	-68 -108	-68 -131	-68 -165	-20 -47	-20 -60	0 -27	0 -40	0 -63

주 : 표 중의 각 단에서 위 측의 수치는 위 치수 허용차, 아래측의 수치는 아래 치수 허용차를 나타낸다.

(단위 : μm)

등급															
h8	h9	js5	js6	js7	k5	k6	m5	m6	n6	p6	r6	s6	t6	u6	x6
0 / -14	0 / -25	±2	±3	±5	+4 / 0	+6 / 0	+6 / +2	+8 / +2	+10 / +4	+12 / +6	+16 / +10	+20 / +14	-	+21 / +18	+26 / -20
0 / -18	0 / -30	±2.5	±4	±6	+6 / +1	+9 / +1	+9 / +4	+12 / +4	+16 / +8	+20 / +12	+23 / +15	+27 / +19	-	+31 / +23	+36 / +28
0 / -22	0 / -36	±3	±4.5	±7	+7 / +1	+10 / +1	+12 / +6	+15 / +6	+19 / +10	+24 / +15	+28 / +19	+32 / +23	-	+37 / +28	+43 / +34
0 / -27	0 / -43	±4	±5.5	±9	+9 / +1	+12 / +1	+15 / +7	+18 / +7	+23 / +12	+29 / +18	+34 / +23	+39 / +28	-	+44 / +33	+51 / +40
															+56 / +45
0 / -33	0 / -52	±4.5	±6.5	±10	+11 / +2	+15 / +2	+17 / +8	+21 / +8	+28 / +15	+35 / +22	+41 / +28	+48 / +35	-	+54 / +41	+67 / +54
													+54 / +41	+61 / +48	+77 / +64
0 / -39	0 / -62	±5.5	±8	±12	+13 / +2	+18 / +2	+20 / +9	+25 / +9	+33 / +17	+42 / +26	+50 / +34	+59 / +43	+64 / +48	+76 / +60	-
													+70 / +54	+86 / +70	
0 / -46	0 / -74	±6.5	±9.5	±15	+15 / +2	+21 / +2	+24 / +11	+30 / +11	+39 / +20	+51 / +32	+60 / +41	+72 / +53	+85 / +66	+106 / +87	-
											+62 / +43	+78 / +59	+94 / +75	+121 / +102	
0 / -54	0 / -87	±7.5	±11	±17	+18 / +3	+25 / +3	+28 / +13	+35 / +13	+45 / +23	+59 / +37	+73 / +51	+93 / +71	+113 / +91	+146 / +124	-
											+76 / +54	+101 / +79	+126 / +104	+166 / +144	
0 / -63	0 / -100	±9	±12.5	±20	+21 / +3	+28 / +3	+33 / +15	+40 / +15	+52 / +27	+68 / +43	+88 / +63	+117 / +92	+147 / +122	-	-
											+90 / +65	+125 / +100	+159 / +134		
											+93 / +68	+133 / +108	+171 / +146		
0 / -72	0 / -115	±10	±14.5	±23	+24 / +4	+33 / +4	+37 / +17	+46 / +17	+60 / +31	+79 / +50	+106 / +77	+151 / +122	-	-	-
											+109 / +80	+159 / +130			
											+113 / +84	+169 / +140			
0 / -81	0 / -130	±11.5	±16	±26	+27 / +4	+36 / +4	+43 / +20	+52 / +20	+66 / +34	+88 / +56	+126 / +94	-	-	-	-
											+130 / +98				
0 / -89	0 / -140	±12.5	±18	±28	+29 / +4	+40 / +4	+46 / +21	+57 / +21	+73 / +37	+98 / +62	+144 / +108	-	-	-	-
											+150 / +114				
0 / -97	0 / -155	±13.5	±20	±31	+32 / +5	+45 / +5	+50 / +23	+63 / +23	+80 / +40	+108 / +68	+166 / +126	-	-	-	-
											+172 / +132				

참고문헌 및 규격

1. 문교부, 정밀측정, 대한교과서(주).
2. 이징구 · 이종대, 정밀측정학, 기전연구사.
3. 교육인적자원부, 공업계측, 대한교과서(주).
4. 김춘기, 정밀측정, 대광서림.
5. 정명세 외 6인, 각도측정 및 기하치수공차, 공업진흥청.
6. 박선정 외 5인, 국제단위계(SI) 개론, 정문각.
7. 이성철, 정밀계측공학, 동명사.
8. 박준호, 정밀측정시스템공학, 야정문화사.
9. 교육부, 기계제도, 대한교과서(주).
10. 이성철, 정밀계측공학, 동명사.
11. 김상진, 자동화를 위한 센서, 연학사.
12. 최호선, 공차론, 성안당.
13. 민경호 · 이하성, 최신기계제도, 복두출판사.
14. 이종대, 정밀측정공학, 기전연구사.
15. Mahr, Hand Measuring Instruments.
16. T. G. Beckwith, et. al, Mechanical measurement, 2nd. Addison Wesley.
17. Mitutoyo, Catalog E50, E81
18. Mitutoyo, User's Manual

KS B 5203-1   버니어 캘리퍼스 제1부
KS B 5203-2   버니어 캘리퍼스 제2부
KS B 5202   마이크로미터
KS B ISO3650   제품의 형상 명세(GPS)-길이 표준-게이지 블록
KS B 5206   다이얼게이지
KS B 5225   실린더게이지
KS B 5236   지침 측미기
KS B 5248   한계게이지
KS B 0401   치수공차의 한계 및 끼워 맞춤
KS B 5211   한계게이지 공차 · 치수 허용차 및 마멸여유

KS A ISO 1101   제품의 형상 명세(GPS)−기하 공차 표시 방식−형상, 자세, 위치 및 흔들림 공차 표시

KS B 0425   기하 편차의 정의 및 표시

KS B 0608   기하 공차의 도시방법

KS B 5254   정밀정반

KS B 5241   옵티칼 플랫

KS B 5242   옵티칼 패러렐

KS B 5609   측정 투영기

KS B 1406   스퍼기어 및 헬리컬 기어의 측정 방법

KS A ISO 1302   제도−표면의 결 지시 방법

KS B ISO 4287   제품의 형상 명세(GPS)−표면조직−프로파일법−용어, 정의 및 표면 조직의 파라미터

KS B ISO 4288   제품의 형상 명세(GPS)−표면조직−프로파일법−표면 결의 평가규칙 및 절차

KS B ISO 10360-1   제품의 형상 명세(GPS)−좌표 측정기(CMM)의 인수시험과 재검증시험−제1부 : 용어

KS B ISO 14253-2   제품의 형상 명세(GPS)−가공품과 측정장비의 측정에 의한 검사−제2부 : GPS 측정, 측정장비 교정과 제품 검증의 불확도 평가 가이드

KS B ISO 12181-1   제품의 형상 명세(GPS)−진원도−제1부 : 진원도의 용어 및 파라미터

KS B ISO 12180-1   제품의 형상 명세(GPS)−원통도−제1부 : 원통 형상 용어 및 파라미터

KS A ISO 80000-1   양 및 단위−제1부 : 일반사항

찾아보기

【한글】

저자와 협의
인지 생략

알기쉬운
정밀측정학

2017년 1월 5일 제1판제1인쇄
2017년 1월 9일 제1판제1발행

저 자 이 건 준
발행인 나 영 찬

발행처 **기전연구사**

서울특별시 동대문구 천호대로 4길 16(신설동 104-29)
전 화 : 2235-0791/2238-7744/2234-9703
FAX : 2252-4559
등 록 : 1974. 5. 13. 제5-12호

정가 15,000원